Duden

ABI GENIAL

BIOLOGIE

DAS SCHNELL-MERK-SYSTEM

Dudenverlag
Berlin

Inhaltsverzeichnis

1 Grundbausteine des Lebens

Wichtige Informationen

Kennzeichen des Lebendigen	
Leben ist stets an Lebewesen gebunden. Eine Elementaranalyse dieser Organismen zeigt, dass sie v. a. aus **Elementen** aufgebaut sind, die auch in der unbelebten Natur häufig vorkommen.	Kohlenstoff (**C**), Sauerstoff (**O**), Wasserstoff (**H**), Stickstoff (**N**), Phosphor (**P**), Schwefel (**S**), Kalium (**K**), Calcium (**Ca**), Magnesium (**Mg**) und Eisen (**Fe**)
Sie sind Bestandteile der **organischen** Verbindungen, die für Lebewesen charakteristisch sind.	Proteine, Kohlenhydrate, Lipide, Nucleinsäuren
Der Grundbaustein der Lebewesen ist die **Zelle**. Sie ist die kleinste Einheit des Lebens, die bereits alle Grundfunktionen eines Lebewesens besitzt.	Stoffwechsel, Fortpflanzung und Vermehrung, Reizbarkeit, Bewegung, Wachstum und Entwicklung, Evolution
Vielzeller bestehen aus unterschiedlichen Zelltypen, die durch Differenzierung aus der Zygote entstehen. Gleiche Zellen bilden Gewebe. Verschiedene Gewebe bilden jeweils Organe, die dann in einem Organismus zusammenwirken.	**Pflanzen** bilden aus Abschlussgewebe, Grundgewebe, Festigungs- und Leitgewebe Blätter, Sprossachsen und Wurzeln. **Tiere** bilden aus verschiedenen Gewebetypen Organe wie z. B. Herz, Lunge und Niere.

1.1 Zellen und Zellbestandteile

Die Zelle als Grundeinheit des Lebens

Die Zelle ist die kleinste vermehrungsfähige Einheit, die alle Grundfunktionen des Lebens besitzt.

Grundstrukturen: Membran, Fibrille, Granum

Zellen sind die Grundbausteine aller Lebewesen. Sie sind aus immer wiederkehrenden Grundstrukturen aufgebaut. Flächige Membranen, fädige Fibrillen und Filamente sowie körnige Grana strukturieren das Cytoplasma.

ÜBERBLICK: Membranen

Alle biologischen Membranen haben den gleichen Grundbauplan:

- Sie bestehen aus Proteinen und Lipiden.
- Die **Lipide** bilden eine flüssigkristalline Doppelschicht.
- Dieser Doppelschicht sind beidseitig **Proteine** aufgelagert, die mehr oder weniger tief in die Lipidschicht hineinragen oder sie sogar durchdringen (integrale Proteine, Tunnelproteine).
- Die Proteine sind für die Durchlässigkeit der Membranen entscheidend.

Aufgaben der Membranen

Membranen sind für den Stoff-, Energie- und Informationsaustausch innerhalb der Zelle und zwischen verschiedenen Zellen verantwortlich.

Fädige Proteinstrukturen bewegen und stabilisieren: **Mikrofilamente** sind in Verbindung mit dem Motorprotein Myosin für intrazelluläre Bewegungsvorgänge einschließlich der Bewegung von Muskelzellen verantwortlich und verleihen Formstabilität. **Mikrotubuli** bilden die Spindelfasern bei der Mitose und die beweglichen Strukturen von Geißeln und Wimpern. **Intermediäre Filamente** bilden stabile, reißfeste Netze, welche die Zugfestigkeit von Zellen erhöhen.

Die Zelle der Prokaryoten

Prokaryoten sind einzellige, erdgeschichtlich sehr alte Lebewesen, die in die beiden Domänen **Archaea** und **Bacteria** aufgeteilt werden (früher als „Bakterien“ zusammengefasst).

ÜBERBLICK: Protocyt

Der Protocyt (auch: die Procyte) ist die Zelle der Prokaryoten. Er hat folgende Kennzeichen:

- Größe meist zwischen 1 und 5 µm,
- Zellformen sind Kugeln, Stäbchen, spiralige Formen, Fäden,
- kein membranumgrenzter Zellkern, sondern ein ringförmiges, aufgeknäultes DNA-Molekül (**Kernäquivalent**) sowie kleinere DNA-Ringe (**Plasmide**) im Cytoplasma,
- **Cytoplasmaeinschlüsse** v. a. zur Stoffspeicherung (z. B. Öltröpfchen, Polyphosphatgranula),
- **Ribosomen** vom 70S-Typ (S von Svedberg, der Maßeinheit für Sedimentationskonstanten von Molekülen und Zellbestandteilen),
- bei Bakterien meist eine **Zellwand** aus einem sackförmigen Riesenmolekül (**Mureinsacculus**), oft mit aufgelagerter **Schleimhülle** oder **Schleimkapsel**,
- Geißeln (**Flagellen**) aus spiralig angeordneten kugeligen Proteinen (Flagellin).

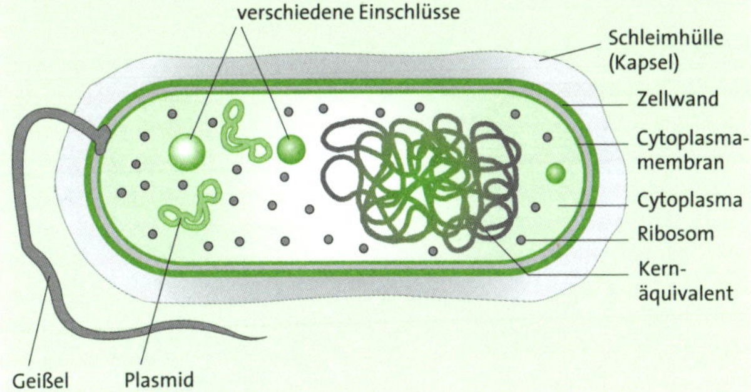

Schematischer Bau eines Protocyten

Die Zelle der Eukaryoten

ÜBERBLICK: Eucyt

Der Eucyt (auch: die Eucyte) ist die Zelle aller Eukaryoten. Er hat folgende Kennzeichen:

- Von einer Kernmembran umgebener **Zellkern** mit **Chromosomen**,
- Membransystem zur inneren **Kompartimentierung**: Endoplasmatisches Reticulum, Golgi-Apparat mit Dictyosomen,
- **Zellorganellen**, die von einer Doppelmembran umgeben sind (Mitochondrien, Plastiden),
- **Geißeln** von einheitlichem Bauplan (9+2 Mikrotubuli),
- **Ribosomen** vom 80S-Typ,
- **Cytoskelett** aus fädigen Proteinstrukturen zur Stabilisierung der Zellgestalt sowie v. a. für Bewegungs- und Transportvorgänge,
- Der **Zellteilung** geht eine Mitose (Kernteilung) voraus.

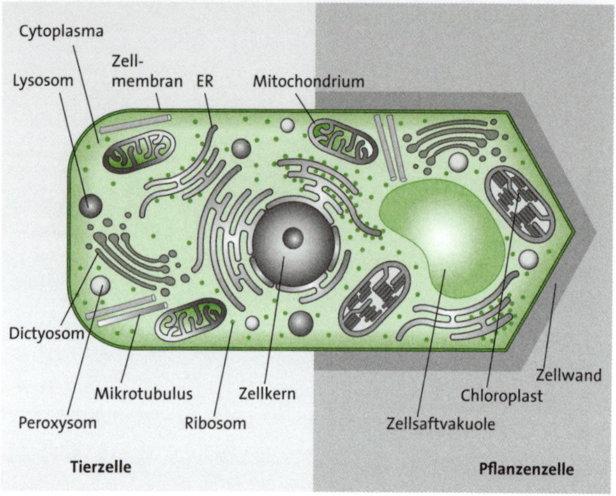

Schematischer Bau eines Eucyten

Zellkern (Nucleus)

Der **Kern** ist meist das größte Zellorganell. Er ist mehr oder weniger kugelförmig und von einer porösen Doppelmembran umgeben. Mit geeigneten Färbemethoden lässt sich im Kerninneren (Karyoplasma) ein nucleinsäurehaltiges Netzwerk, das Chromatin (von griech. chroma „Farbe") nachweisen. Es besteht aus den teilweise entspiralisierten Chromosomen und enthält den größten Teil der DNA, also der Erbinformation der Zelle, sowie die Kernproteine (Histone). Ein weiterer Bestandteil sind die **Kernkörperchen** (**Nucleoli**, Sing. **Nucleolus**), die vorwiegend aus RNA bestehen und bei der Bildung der Ribosomen mitwirken. Während der Kernteilung **(Mitose)** löst sich die Kernmembran auf und die Chromosomen werden sichtbar. Nach der Zellteilung bildet sich die Kernmembran vom ER aus wieder neu.

Mitochondrien und Plastiden

Die 1 bis 10 µm langen **Mitochondrien** sind von einer Doppelmembran umgeben. Sie sind die Orte der Zellatmung (↑ S. 28 ff.). Die **Plastiden** sind typische Organelle von Algen und Pflanzen. Als Chloroplasten ermöglichen sie die Fotosynthese (↑ S. 24 ff.). Auch sie sind von einer Doppelmembran umgeben. Ein inneres Membransystem (Thylakoide) enthält die Fotosynthesepigmente. Mitochondrien und Plastiden besitzen eigene DNA.

Endomembransystem

Das Endomembransystem des Eucyten besteht aus Endoplasmatischem Reticulum, Golgi-Apparat mit Dictyosomen sowie Lysosomen und Peroxysomen. Die Zisternen genannten Hohlräume zwischen den beiden Membranen des **Endoplasmatischen Reticulums (ER)** dienen als Speicher- und Transportsystem. Außen kann das ER von Ribosomen besetzt sein (granuläres ER). Der **Golgi-Apparat** mit **Dictyosomen** übt v. a. sekretorische Funktionen in der Zelle aus. **Lysosomen** sind von einer einfachen Membran umgebene enzymhaltige Bläschen. Insgesamt wurden aus den verschiedenen Lysosomen mehr als 60 verschiedene Enzyme isoliert. **Peroxysomen** bilden sich durch Abschnürung von Vorläufervesikeln aus dem ER, von denen dann mehrere zu einem reifen Peroxisom fusionieren. Sie dienen dem oxidativen Abbau verschiedener schädlicher Verbindungen. Das dabei entstehende Wasserstoffperoxid wird sofort durch Katalase abgebaut.

Zellwand

Bei Pflanzen, Pilzen und vielen Protisten liegt der äußeren Zellmembran **(Plasmalemma)** eine feste Zellwand auf, die v. a. aus Polysacchariden, bei Pflanzen vorwiegend **Cellulose**, besteht. Sobald das Zellstreckungswachstum abgeschlossen ist, verstärkt sich die Wand durch schichtweise Auflagerungen. Als äußerste Schicht können Wachse und korkartige Substanzen aufgelagert werden. Man unterscheidet Primärwand, Sekundärwand und Tertiärwand. Pflanzliche und tierische Zellen können über Plasmabrücken in Verbindung stehen.

Vakuolen

Sowohl bei pflanzlichen als auch bei tierischen Zellen treten Vakuolen auf. Dies sind kleine oder größere mit wässriger Flüssigkeit angefüllte Räume, die durch eine einfache Membran (bei Pflanzen **Tonoplast**) vom Cytoplasma abgegrenzt sind.

Unterschiede pflanzliche Zelle – tierische Zelle:

Pflanzliche Zelle	Tierische Zelle
■ Plastiden ■ große Zentralvakuole ■ feste Zellwand	■ zwei Centriolen, die bei der Zellteilung eine Rolle spielen ■ Lysosomen

1.2 Viren, Viroide und Prionen

Viren und Viroide

Viren sind makromolekulare Partikel, die unter bestimmten Bedingungen Merkmale des Lebens aufweisen. Sobald sie in eine Wirtszelle eingedrungen sind, können sie mit Hilfe der Zelle ihre eigene Vermehrung und die Weitergabe ihrer genetischen Information in die Wege leiten. Sie bestehen meist aus einem Nucleinsäuremolekül (RNA oder DNA) das von einer Proteinhülle **(Capsid)** umgeben ist. Manche der über 2 000 bekannten Viren besitzen weitere Hüllen, an denen auch Lipide und Polysaccharide beteiligt sein können (z. B. das HI-Virus).
Viroide sind infektiöse, nackte RNA-Moleküle.

Prionen

Prionen bestehen nur aus einem Protein. Das Besondere an ihnen ist, dass bestimmte, im Organismus schädlich wirkende Prionen normale Zellprionen zu einer Strukturänderung veranlassen können. Pathogene Prionen können also ihre eigene Struktur vermehren und dadurch infektiös wirken (z. B. bei BSE; Abk. für **b**ovine **s**pongiforme **E**nzephalopathie).

1.3 Von Zellen zu Geweben und Organen

Kern- und Zellteilung

Teilung eines Protocyten

Bei Prokaryoten verdoppelt sich zunächst das ringförmige Nucleinsäuremolekül, danach teilt sich die Zelle. Die Tochterzellen sind bereits voll funktionsfähige neue Individuen.

Teilung eines Eucyten

Bei Eukaryoten teilt sich zuerst der Zellkern **(Mitose)**, dabei werden die Chromosomen repliziert und danach gleichmäßig auf die Tochterzellen verteilt. Dann folgt die Teilung des Cytoplasmas **(Cytokinese)** und anschließend die Differenzierung.

Zellzyklus

Den Prozess vom Abschluss einer Mitose mit Tochterzellbildung bis zum Ende der folgenden Mitose bezeichnet man als Zellzyklus. Er ist für alle sich mitotisch teilenden Zellen typisch und gliedert sich in mehrere Phasen. In der **G_1-Phase** wächst die Zelle bei hoher Stoffwechselaktivität heran. In der **S-Phase** verdoppelt sich die DNA. Dabei entstehen die **Chromatiden**.

Die G_2-Phase ist der Übergang zur **Mitose**. Diese gliedert sich in fünf Abschnitte:

Prophase: Durch Aufspiralisierung des Chromatins werden die Chromosomen sichtbar. Die Centrosomen wandern zu den Zellpolen.

Prometaphase: Die Kernmembran löst sich auf, die Spindelfasern binden an die Centromere der Chromatiden.

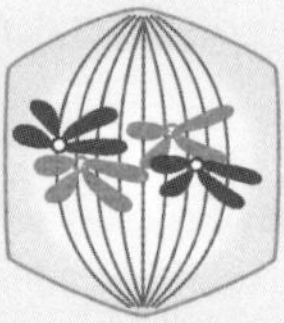

Metaphase: Die durch starke Aufspiralisierung extrem verkürzten Chromosomen ordnen sich in der Äquatorialebene der Zelle zwischen den beiden Spindelpolen an.

Anaphase: Die Chromosomenhälften (Chromatiden) wandern auf den Zugfasern des Spindelapparates zu den Polen, sodass nachher an jedem Zellpol ein vollständiger Chromosomensatz vorliegt.

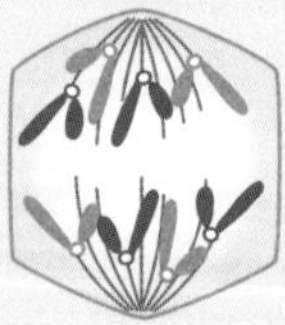

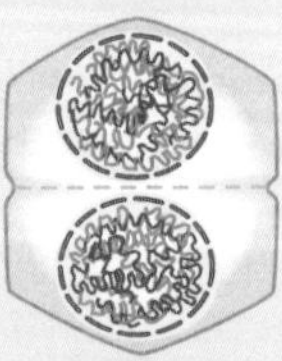

Telophase: Die Teilungsspindel verschwindet, die Chromosomenstruktur lockert sich und es bildet sich eine neue Kernhülle. Im Anschluss an die Kernteilung teilt sich die Zelle.

Einzeller und Vielzeller

Bei einzelligen Lebewesen entstehen aus jeder Zellteilung neue Individuen. Da die Mutterzellen in den Tochterzellen aufgehen, kann man von potenzieller Unsterblichkeit reden. Der Übergang zur **Vielzelligkeit** vollzieht sich dadurch, dass sich die Tochterzellen nicht mehr voneinander trennen. So entstehen zunächst Zellkolonien, die fädig, scheibenförmig oder kugelig sein können. Kommt es in diesen Zellkolonien zu einer **Arbeitsteilung** zwischen den einzelnen Zellen, kann man von echten Vielzellern sprechen. Schon bei einfach gebauten Vielzellern gibt es mehrere unterschiedlich differenzierte Zelltypen, die z. B. der Bewegung, der Fortpflanzung, der Informationsleitung oder Reizaufnahme dienen.

ÜBERBLICK: Vielzeller

Charakteristisch für echte Vielzeller sind:

- **Gewebe**: Verbände aus mehreren gleichartig spezialisierten Zellen, die durch Differenzierung aus embryonalen Zellen, Stammzellen oder Meristemzellen entstehen (↑ S. 16 f.). Auf diese Weise gehen aus Bildungsgeweben Dauergewebe hervor, die ihre Funktionen über unterschiedlich lange Zeiträume erfüllen können.
- **Organe**: Funktionseinheiten aus bestimmten Gewebetypen. Am Aufbau und den Funktionen eines Organs beteiligen sich mehrere Gewebetypen.
  Beispiel: An der Haut des Menschen sind folgende Gewebe beteiligt: Abschlussgewebe (Epithelien), Muskelgewebe, Nervengewebe, Bindegewebe, Fettgewebe, Drüsengewebe.
- **Musterbildung**: Sie ist ein wesentliches Element der Gestaltentwicklung von Organismen. Musterbildung führt zur Herausbildung der für einen Organismus charakteristischen Muster von Zelltypen und Geweben.

Zelldifferenzierung ist die Grundlage der Gestaltbildung (Morphogenese) aller vielzelligen Lebewesen.

Allen Vielzellern ist gemeinsam, dass

- sich Organe und Gewebe aus nicht differenzierten totipotenten Zellen entwickeln: bei Pflanzen aus **Meristemen** an Spross- und Wurzelspitze, bei Tieren und Mensch aus **embryonalen Stammzellen**,
- sich das Muster der jeweils aktiven Gene ändert, die genetische Ausstattung grundsätzlich aber unverändert bleibt,
- jeder Differenzierung eine inäquale Zellteilung vorausgeht, d.h. die Tochterzellen unterscheiden sich in ihrer stofflichen und/oder strukturellen Zusammensetzung,
- Differenzierung über eine stoffliche Beeinflussung von Nachbarzellen ausgelöst wird, die dazu führt, dass nur ganz bestimmte Gene aktiviert werden. Dies kann über einen Diffusionsgradienten, Signalweitergabe oder direkten Zell-Zell-Kontakt erfolgen. Die Ausbildung von Sinneshaaren bei Drosophila erfolgt z.B. über direkten Zell-Zell-Kontakt:

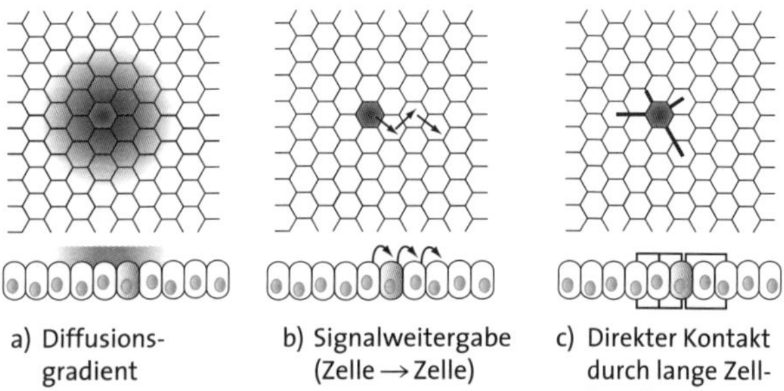

a) Diffusionsgradient

b) Signalweitergabe (Zelle → Zelle)

c) Direkter Kontakt durch lange Zellfortsätze

Pflanzen

Die teilungsfähigen, undifferenzierten Gewebe (Meristeme) liegen an den Spitzen von Spross und Wurzel. Aus ihnen entstehen die spezialisierten Dauergewebe.

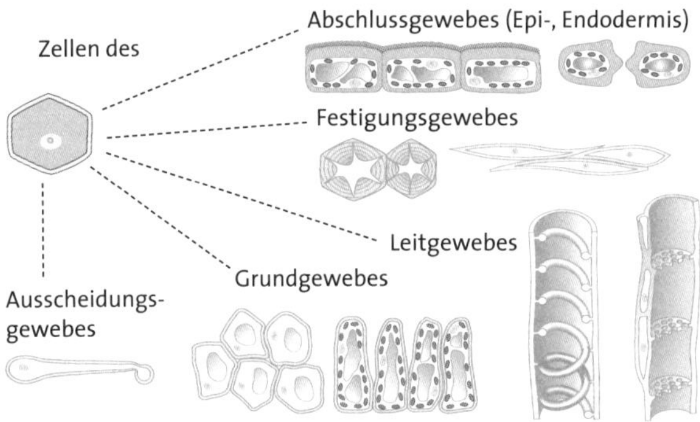

Tiere und Menschen

Alle Zelltypen entwickeln sich aus nicht differenzierten, totipotenten Zellen des Embryos, den embryonalen Stammzellen.

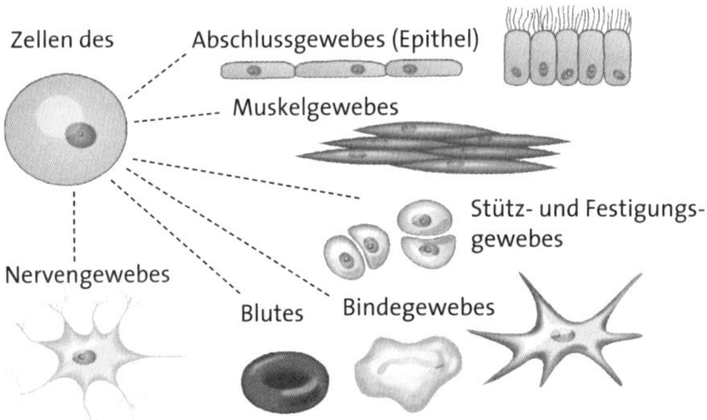

2 Stoffwechsel und Energieumsatz

Wichtige Informationen

Grundbegriffe	
Stoffwechsel (Metabolismus)	umfasst alle chemischen Reaktionen, die im Organismus ablaufen
Baustoffwechsel	Stoffwechselreaktionen, die dem Auf- und Abbau der Zellstrukturen dienen
Energiestoffwechsel	Stoffwechselvorgänge, die der Freisetzung chemischer Energie dienen
Intermediärstoffwechsel	Stoffwechsel von Zwischenprodukten der Stoffwechselwege (z. B. gehen vom Acetyl-CoA zahlreiche Stoffwechselwege aus)
aufbauender Stoffwechsel (Assimilation, Anabolismus)	Aus körperfremden Verbindungen werden körpereigene, energiereiche Verbindungen aufgebaut.
autotrophe Assimilation: Aus CO_2 werden organische Stoffe gebildet. Energiequelle ist entweder Licht oder die Oxidation anorganischer Stoffe.	bei Archaea, Bakterien (insbesondere Cyanobakterien), Algen, Pflanzen Fotosynthese (↑S. 24 ff), Chemolithoautotrophie (↑S. 31)

heterotrophe Assimilation: Körpereigene Stoffe werden aus organischen Stoffen der Nahrung aufgebaut. Energie liefert die Dissimilation.	Komplexe organische Stoffe, wie Lipide, Polysaccharide und Proteine, werden aus einfacheren Verbindungen aufgebaut.
abbauender Stoffwechsel (Dissimilation, Katabolismus)	Komplexe organische Stoffe werden in einfache Verbindungen zerlegt. Dabei wird Energie freigesetzt.
Bei der **Zellatmung** wird Stärke bzw. Glucose zu Wasser und Kohlenstoffdioxid abgebaut. Dabei wird Energie freigesetzt.	Die Zellatmung gliedert sich in Glykolyse, Citratzyklus und Atmungskette (↑S. 28 ff).
Gärung ist der anaerobe Abbau (ohne Sauerstoff) organischer Verbindungen unter Freisetzung von Energie.	Der Energieumsatz bei Gärungen (↑S. 31) ist wesentlich geringer als bei oxidativer Dissimilation, z. B. alkoholische Gärung, Milchsäuregärung.
Energieübertragung in der Zelle durch **ATP**	Wichtigstes Energieüberträger-Molekül im Metabolismus ist Adenosintriphosphat. Es kann unter Energiefreisetzung einen Phosphatrest abspalten: $ATP \rightarrow ADP + P_i + Energie$

2.1 Enzyme

Energieumsatz bei Stoffwechselvorgängen

Gleichgewichtskonstante: Bei allen chemischen Reaktionen des Typs $A + B \rightleftarrows C + D$ stellt sich innerhalb einer gewissen Zeit ein Gleichgewicht zwischen den Ausgangsstoffen und den Endprodukten ein. Seine Lage wird durch die thermodynamische **Gleichgewichtskonstante K** angegeben:

$$K = \frac{c(C) \cdot c(D)}{c(A) \cdot c(B)} \qquad c = \text{Konzentration der Stoffe in mol/l}$$

Die Gleichgewichtskonstante kennzeichnet somit auch die Richtung, in der eine chemische Reaktion ohne Zufuhr von Energie abläuft. Ist $K > 1$, liegt das Gleichgewicht auf der rechten Seite der Reaktion, ist $K < 1$, verläuft die Reaktion vorwiegend von rechts nach links.

Freie Enthalpie (ΔG): Je weiter die tatsächliche Konzentration der Stoffe von dem Gleichgewichtszustand entfernt ist, desto energiereicher ist das System, d. h. desto mehr Energie kann bei der Reaktion zum chemischen Gleichgewichtszustand hin freigesetzt werden. Diese Freie Enthalpie ist auf ein Mol bezogen und trägt deshalb die Maßeinheit kJ/mol.

Freie Enthalpie und Reaktionsverlauf

Exergonisch ist eine Reaktion, wenn **ΔG negativ** ist und somit Energie frei wird. Die Reaktion läuft spontan ab.

Endergonisch ist eine Reaktion, wenn **ΔG positiv** ist; die Reaktion kann nur unter Energieaufnahme ablaufen.

Verlauf enzymatischer Reaktionen

Zucker, Stärke, Fett und Eiweißstoffe sind sehr energiereiche Substanzen, die bei Zimmertemperatur trotzdem nicht oder nur sehr wenig mit dem Sauerstoff der Luft reagieren.

- Zunächst muss **Aktivierungsenergie** zugeführt werden, um eine Reaktion in Gang zu setzen. Sie kann durch einen **Katalysator** herabgesetzt werden.
- **Enzyme** sind Biokatalysatoren. Sie bilden kurzlebige Zwischenprodukte mit den Reaktionspartnern: In einer ersten Reaktion verbindet sich das Enzym mit dem Substrat zum **Enzymsubstratkomplex**. In einer zweiten Reaktion wird das Substrat zu dem **Produkt** und das Enzym wird wieder freigesetzt.

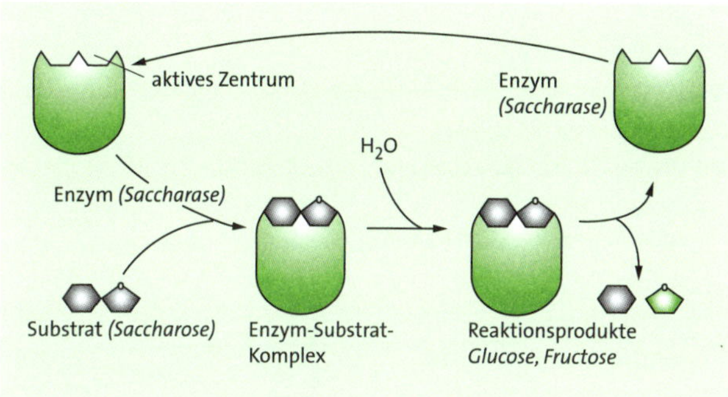

Wirkungsweise eines Enzyms am Beispiel der Maltase

Bau und Wirkung der Enzyme

Substratspezifität und Wirkungsspezifität

Fast alle Enzyme sind Proteine. Jedes Enzym besitzt eine katalytisch wirksame Region **(aktives Zentrum)**. Es passt zum Substrat wie ein Schlüssel zum Schloss (**Substratspezifität**).

Weiterhin katalysiert jedes Enzym nur einen bestimmten Reaktionstyp **(Wirkungsspezifität)**. Viele Enzyme enthalten außer Aminosäuren auch nicht proteinartige Bestandteile, die den Ablauf der enzymatischen Reaktion beeinflussen. Diese **Cofaktoren** können organische Moleküle **(Coenzyme)** oder Metallionen (Fe^{2+} oder Fe^{3+}, Cu^{2+}, Zn^{2+}, Ni^{2+}) sein.

Enzymaktivität

Die Wirkung eines Enzyms ist abhängig von folgenden Parametern:

- **Temperatur:** Zunächst nimmt die Reaktionsgeschwindigkeit mit der Temperatur zu. Wird die Temperatur zu hoch, denaturieren Enzyme wie andere Proteine auch. Besonders hohe Temperaturoptima haben jedoch die Enzyme von Prokaryoten aus heißen Quellen.
- **pH-Wert:** Bei den meisten Enzymen liegt das Optimum zwischen pH 6 und 8.
- **Substratkonzentration:** Durch die Erhöhung der Substratkonzentration kann die Reaktionsgeschwindigkeit bis zu einem Sättigungswert erhöht werden.

Die **Michaelis-Menten-Konstante K_M** gibt diejenige Substratkonzentration in mol/l an, bei der die maximale Reaktionsgeschwindigkeit v_{Max} zur Hälfte erreicht ist. K_M gibt damit die Substratkonzentration an, bei der die Hälfte der aktiven Zentren der beteiligten Enzyme besetzt ist.

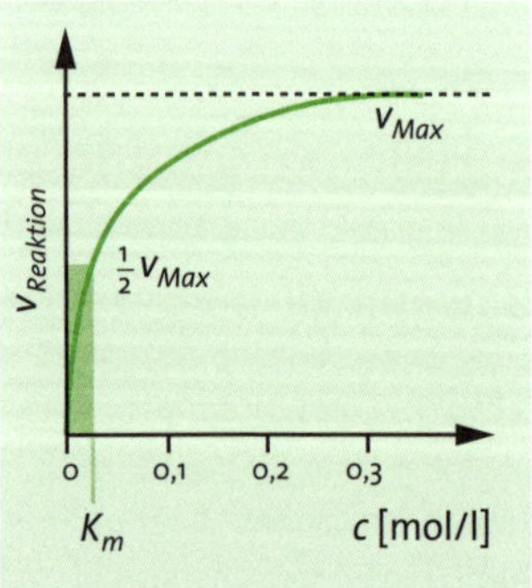

Enzymregulation

Kompetitive Hemmung: Ein Stoff verbindet sich anstelle des Substrats mit dem aktiven Zentrum eines Enzyms. Ein Spezialfall der kompetitiven Hemmung ist die Endprodukthemmung, bei der das Produkt als Substrat der Rückreaktion durch Bindung an das aktive Zentrum das Substrat der Hinreaktion aus diesem verdrängen kann.

2

Nicht kompetitive Hemmung: Inhibitor (hemmender Stoff) und Substrat können gleichzeitig vom selben Enzym gebunden werden. Der Inhibitor verringert in diesem Fall die Anzahl der Substratmoleküle, die pro Zeiteinheit umgewandelt werden können, da das Enzymmolekül durch den Inhibitor geringfügig in seiner Struktur verändert wird und dadurch das Substrat weniger gut binden kann.

Enzymhemmung

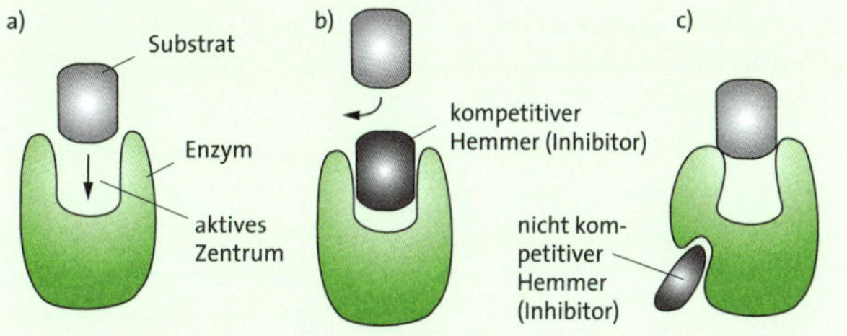

a) Das Substrat wird im aktiven Zentrum des Enzyms gebunden; b) kompetitive Hemmung; c) nicht kompetitive Hemmung.

Allosterische Regulation: Einige meist aus mehreren Untereinheiten zusammengesetzte Enzyme können durch Bindung von Effektoren in eine andere Konfiguration „umkippen". Aktivatoren führen zu einer wirksamen, Inhibitoren zu einer unwirksamen Form des Enzymkomplexes.

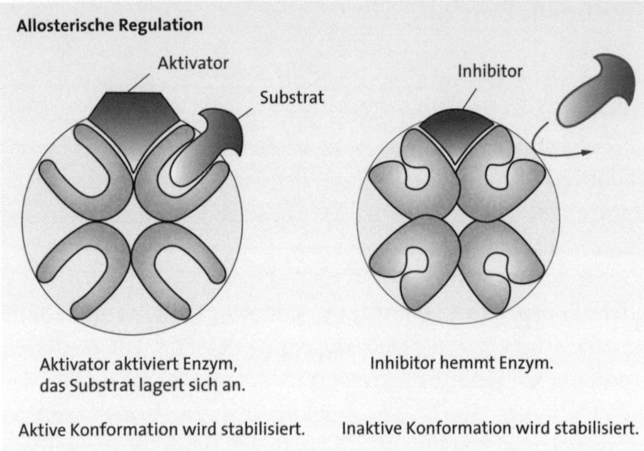

Allosterische Regulation durch Aktivatoren bzw. Inhibitoren

2.2 Aufbauender Stoffwechsel

Fotosynthese

Die Bindung der Sonnenenergie durch Fotosynthese ist Voraussetzung für das Leben auf der Erde.

Summengleichung der Fotosynthese

Die Bilanzgleichung der Fotosynthese ist die Umkehrung der Zellatmung:

$$6CO_2 + 6H_2O \underset{\text{Atmung}}{\overset{\text{Fotosynthese}}{\rightleftarrows}} C_6H_{12}O_6 + 6O_2$$

Ein Teil der Prokaryoten und Protisten sowie die Pflanzen sind auf der Basis dieser Reaktion und der zusätzlichen Aufnahme von Mineralstoffen in der Lage, alle körpereigenen Stoffe aus anorganischen Stoffen aufzubauen. Die Orte der Fotosynthese in Pflanzen und Protisten sind die **Chloroplasten**, die auf endosymbiotische Prokaryoten zurückgehen.

Aufbau der Chloroplasten

Chloroplasten (Chlorophyllkörner) sind vom Cytoplasma durch eine **Doppelmembran** abgegrenzt. Die wenig strukturierte Grundsubstanz in ihrem Inneren wird Stroma genannt. Sie enthält Ribosomen, Enzyme und ein ringförmiges DNA-Molekül.

Die Membranen des Innenraumes werden **Thylakoide** genannt. Sie trennen den Thylakoidinnenraum vom Stroma. Stapel dieser Innenmembranen sind die **Granathylakoide**, einfache Doppellamellen nennt man **Stromathylakoide**. In diese Membransysteme sind Farbstoffe und Enzyme eingelagert. Die Farbstoffe, vor allem Chlorophylle und Carotinoide, absorbieren vorwiegend Lichtquanten des blauen und roten Lichts. Die dabei entstehende „Grünlücke“ ist verantwortlich für die grüne Farbe der Pflanzen.

Die für die Fotosynthese wichtigen Enzyme und Pigmente sind in Fotosystemkomplexen zusammengefasst. Sie bestehen aus einem **Reaktionszentrum** und einem **Antennenkomplex (light-harvesting-complex, LHC)**. In diesen Komplexen sind die Pigmentmoleküle so angeordnet, dass die äußeren Pigmente die energiereichsten Photonen absorbieren und nach innen die Größe der aufzunehmenden Energiequanten abnimmt. So landen schließlich alle Energiequanten bei einem Reaktionszentrum des Fotosystems I oder II. Dort wird die Energie des Lichtquants von einem Paar Chlorophyll-a-Molekülen aufgenommen und dadurch ein angeregtes Elektron aus einem der beiden Chlorophyll-a-Moleküle an einen primären Elektronenakzeptor weitergegeben.

Lichtabhängige Reaktionen

- **zwei Fotosysteme: Fotosystem II (P680)** absorbiert Lichtquanten der Wellenlänge 680 nm und **Fotosystem I (P700)** solche der Wellenlänge 700 nm. Durch Absorption von Lichtenergie wird die Elektronegativität des Chlorophyllmoleküls erhöht. Das Redoxpotenzial wird vom positiven in den negativen Bereich verschoben. Das „angeregte" Chlorophyllmolekül des Fotosystems II gibt zwei Elektronen an einen primären Akzeptor ab.
- **Fotolyse des Wassers:** Durch die Abgabe der zwei Elektronen wird das Redoxpotenzial des Chlorophylls wieder so positiv (+810 mV), dass es dem Wasser Elektronen entzieht: $\mathbf{H_2O \rightarrow 2H^+ + \frac{1}{2}\,O_2 + 2e^-}$
- **nichtzyklische Fotophosphorylierung:** Das vom angeregten Fotosytem II abgegebene Elektronenpaar wird über eine **Elektronentransportkette** bis zum Fotosystem I (P 700) weitergegeben und liefert Energie für die **Bildung von ATP**. Das angeregte P 700 gibt zwei Elektronen an $NADP^+$ ab, zusammen mit $2H^+$ aus der Wasserspaltung reagiert dieses zu **$NADPH + H^+$**.
- **zyklische Fotophosphorylierung:** Bei größerem Bedarf an ATP läuft am Fotosystem I zusätzlich ein zyklischer Elektronentransport ab, der ebenfalls zur Bildung von ATP führt. Hierbei gibt Fotosystem I ein Elektron an Ferredoxin (Fd) ab. Das Elektron kommt über Zwischenstufen zum Fotosystem I zurück. Dabei wird kein $NADH + H^+$ gebildet.

Lichtunabhängige Reaktionen (Dunkelreaktionen)

Die Bereitstellung von ATP und $NADPH + H^+$ aus den lichtabhängigen Reaktionen ist die Voraussetzung dafür, dass im Stroma der Chloroplasten CO_2 aus der Luft an organische Moleküle gebunden werden kann. Dies geschieht in einem Reaktionszyklus, der nach seinem Entdecker Melvin Calvin (1911 –1997) **Calvinzyklus** genannt wird.

Bilanz des Calvinzyklus

Im Calvinzyklus entsteht aus jeweils sechs in den Zyklus eingeschleusten CO_2-Molekülen ein Glucosemolekül. Dafür werden 18 ATP und 12 NADPH+H^+ verbraucht.

2

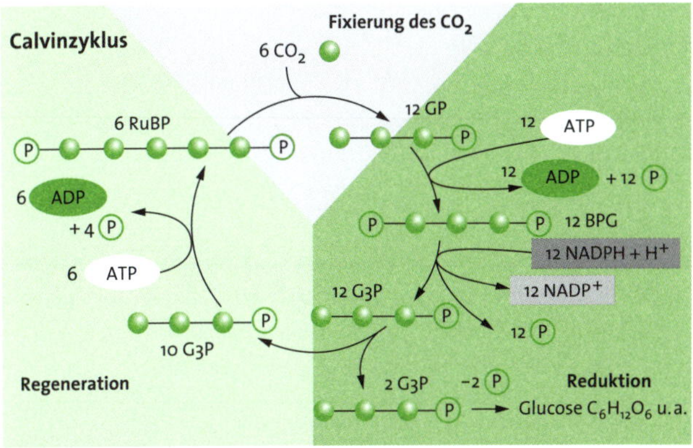

BPG = 1,3-Bisphospho-Glycerinsäure; GP = Glycerinsäure-3-phosphat; G3P = Glycerinaldehyd-3-phosphat; RuBP = Ribulose-1,5-bisphosphat

Wenn man alle Prozesse der lichtabhängigen und der lichtunabhängigen Reaktionen der Fotosynthese zusammenfasst, ergibt sich folgende Bruttogleichung:

$$6\,CO_2 + 12\,H_2O \rightarrow C_6H_{12}O_6 + 6O_2 + 6\,H_2O$$

Dabei wird bei der Bildung eines Mols Glucose eine Energiemenge von 2870 kJ umgewandelt.

Die in den Chloroplasten erzeugte Glucose wird teilweise zur Energiespeicherung in das Polysaccharid Stärke, teilweise zum Transport in die unterschiedlichen Pflanzenteile in das Disaccharid Saccharose (Rohrzucker) umgewandelt.

2.3 Abbauender Stoffwechsel

Zellatmung

Zur Aufrechterhaltung der Lebensfunktionen muss in den Zellen ständig Energie umgesetzt werden. Sie wird aus Nährstoffmolekülen der Kohlenhydrate, Lipide und Proteine durch Zellatmung gewonnen.

Diese Zellatmung verläuft in drei großen Reaktionsschritten:
- Glykolyse (im Cytoplasma),
- Citratzyklus (in Mitochondrien),
- Atmungskette (in Mitochondrien).

Die wichtigste Umsetzung bei diesen Energie liefernden Reaktionen aller Zellen ist die Oxidation von Glucose zu Kohlenstoffdioxid und Wasser. In der Summe stellt sie die Umkehrung der Fotosynthese dar:

$$\mathbf{C_6H_{12}O_6 + 6O_2 \rightarrow 6CO_2 + 6H_2O \quad \Delta G = -2870\ kJ\ mol^{-1}}$$

Glykolyse

- **Ein Molekül Glucose** (C_6-Verbindung) wird in vielen Reaktionsschritten **zu zwei Molekülen Brenztraubensäure** (**Pyruvat**, C_3-Verbindung) abgebaut.
- Pyruvat wird unter Abspaltung eines Kohlenstoffdioxidmoleküls in einen C_2-Körper umgewandelt, der an ein Coenzym gebunden ist, das **Acetyl-Coenzym A**.
- Die Glykolyse findet im Cytoplasma statt.

Citratzyklus (Citronensäurezyklus, Krebszyklus)

Im Citratzyklus liegen die gelösten Substrate in Ionenform vor, weshalb man die Ionen und nicht die dazugehörigen Säuren benennt (Citrate sind Anionen der Citronensäure). Zyklische

Prozesse wie der von Hans Adolf Krebs 1937 entdeckte Citratzyklus sind charakteristisch für viele Stoffwechselwege.

- **Acetyl-Coenzym A** („aktivierte Essigsäure") wird im Citratzyklus **zu Kohlenstoffdioxid abgebaut**. Dabei werden pro Acetyl-Coenzym A drei Wassermoleküle angelagert und vier H_2 freigesetzt. Diese H_2 werden von den Coenzymen NAD^+ und FAD übernommen, daneben werden pro Acetylrest ein ATP (bzw. bei Säugetieren ein GTP) gebildet.
- Der Citratzyklus ist eine **wichtige Drehscheibe des Intermediärstoffwechsels**: Er verbindet den Kohlenhydratstoffwechsel mit dem Fettstoffwechsel (über Acetyl-CoA) und dem Proteinstoffwechsel (über Ketoglutarsäure und Oxalessigsäure). Auch verschiedene andere Synthesewege nehmen hier ihren Ausgang.

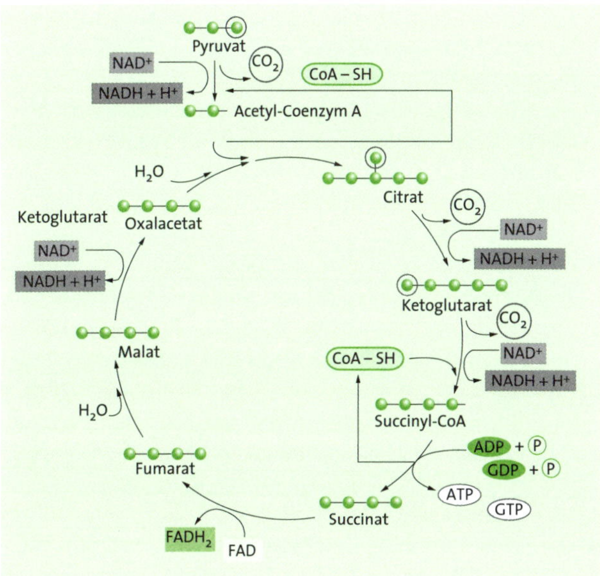

Atmungskette (Endoxidation)

In der Atmungskette werden die 12 H-Atome des Glucosemoleküls von NAD^+ bzw. FAD als Wasserstoffüberträgern übernommen und zu Wasser oxidiert.

Die direkte Bildung von Wasser aus Wasserstoff und Sauerstoff (Knallgasreaktion) verläuft sehr heftig, da bei dieser Reaktion sehr viel Energie frei wird:

$$H_2 + \tfrac{1}{2}O_2 \rightarrow H_2O \qquad \Delta G = -239\ kJ\ mol^{-1}$$

Sie ist eine typische Redoxreaktion: Wasserstoff wird oxidiert (gibt als Elektronendonor Elektronen ab) und Sauerstoff wird reduziert (nimmt als Elektronenakzeptor Elektronen auf).

- Bei der **Oxidation des Wasserstoffs** in der Zelle werden viele Redoxsysteme mit wesentlich geringerem elektrochemischem Potenzial hintereinander geschaltet und so die frei werdende Energie zur Bildung von ATP genutzt.
- Auch hier liegt eine **Elektronentransportkette** vor, deren Glieder **Oxidoreductasen** sind. Ihre Coenzyme besitzen ansteigende Redoxpotenziale. Die zugehörigen Apoenzyme sind große Proteinkomplexe, die in der Innenmembran der Mitochondrien liegen.
- **ATP-Bildung:** Parallel zum Elektronentransport entsteht ein Protonengradient an der Innenmembran der Mitochondrien, aufgrund dessen die Protonen, ihrem Konzentrationsgefälle folgend, durch ein großes Proteinmolekül der Innenmembran diffundieren. Dieser Protonendurchgang bewirkt, dass an diesem Molekül aus ADP und Phosphat ATP gebildet wird. Dabei können bezogen auf ein Glucosemolekül etwa 28 ATP gebildet werden, dazu kommen 4 ATP aus Glykolyse und Citratzyklus.
- Die Zellatmung kann durch verschiedene Rückkopplungsprozesse (z. B. über die ATP-Konzentration) reguliert werden.

Gärungen

Gärung nennt man die Energiegewinnung durch anaeroben, d. h. ohne Sauerstoff stattfindenden Abbau organischer Stoffe. Die meisten Gärungen werden nach ihren Endprodukten benannt. Die anaerobe Zersetzung von Proteinen und Aminosäuren („Eiweißgärung") wird meist als Fäulnis bezeichnet. Dabei entstehen übelriechende Substanzen (H_2S, primäre Amine). Die vom Menschen am häufigsten genutzten Gärungen sind:

- **alkoholische Gärung:** typische Gärungsart für **Hefepilze** und **einige Bakterienarten.** Pyruvat wird in zwei Reaktionsschritten zu Ethanol umgewandelt, dabei wird CO_2 abgespalten. Dieser Vorgang wird z. B. beim Bierbrauen, der Weinherstellung und in der Hefebäckerei genutzt.
- **Milchsäuregärung:** Pyruvat wird zu Lactat reduziert, wobei kein CO_2 entsteht. Diese Gärung ist typisch für **Milchsäurebakterien,** findet unter anaeroben Bedingungen aber auch bei Eukaryoten statt (z. B. in Muskelzellen). Sie wird zur Herstellung von Käse, Joghurt, Sauerkraut oder Futtermittel (Silage) genutzt.

Stoffwechselwege bei Bakterien

Bei Bakterien kommen vor allem drei verschiedene Prinzipien des Energiestoffwechsels vor:

- **fotoautotrophe Bakterien:** Energiequelle Licht; C-Quelle CO_2; Elektronendonor H_2O, H_2S oder organischer Stoff.
- **chemolithoautotrophe Bakterien:** Energie aus der Oxidation anderer anorganischer Verbindungen (z. B. H_2 zu H_2O, H_2S zu S bzw. SO_4^{2-} und NH_4^+ zu NO_2^- bzw. NO_2^- zu NO_3^-).
- **chemoorganoheterotrophe Bakterien:** aerobe Atmung (↑ S. 28 ff.) und anaerobe Atmung (als Sauerstoffquelle wird anorganische Verbindung genutzt).

Natürliche Gründüngung durch Stickstoff-Fixierung

Südostasiatische Reisfelder kommen fast ohne Stickstoffdüngung aus, obwohl sie eine ausgesprochen hohe Primärproduktion aufweisen. Hierfür verantwortlich ist ein kleiner Schwimmfarn namens **Azolla**, der die gefluteten Felder mit einem rötlichen Teppich überzieht.

Azolla verbessert die Stickstoffversorgung der Reisfelder als Folge einer **Symbiose** mit dem stickstofffixierenden Cyanobakterium Anabaena azollae. Dieses Bakterium kann – wie einige andere Prokaryoten (↑ S. 120) – mithilfe der Nitrogenase aus den N_2-Molekülen der Luft Aminosäuren und Proteine aufbauen.

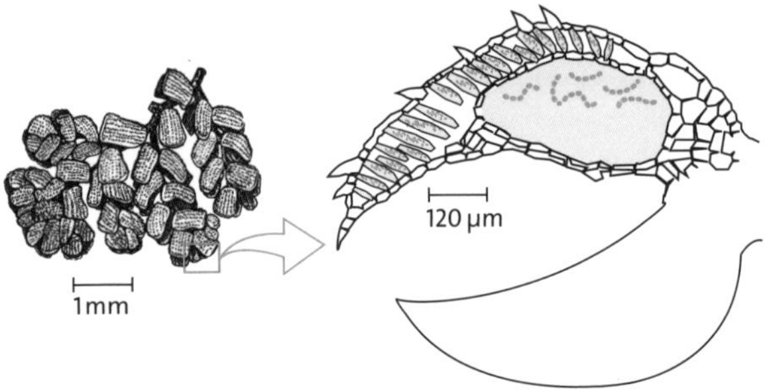

Azolla-Pflänzchen haben aus zwei Lappen aufgebaute Blätter. In einer Höhlung des oberen Blattlappens, die mit Wasser gefüllt ist, befinden sich zahlreiche Cyanobakterien ähnlich wie kleine Perlenschnüre angeordnet. Diese blaugrünen, zur Kohlenstoffassimilation befähigten Bakterien mit dem Namen **Anabaena azollae** enthalten in besonderen Zellen, den **Heterocysten**, das Enzym Nitrogenase.

Stickstoff-Fixierung durch Nitrogenase

- Nitrogenase ist ein Komplex aus zwei Proteinen, die zusammenwirken.
- Stufenweise wird N_2 erst zu Diimid, dieses zu Diamin und schließlich zu Ammonium (NH_4^+) reduziert.
- Für die Stickstoff-Reduktion werden pro N_2 16 ATP verbraucht.
- Aus dem Ammonium werden Aminosäuren und Proteine aufgebaut.

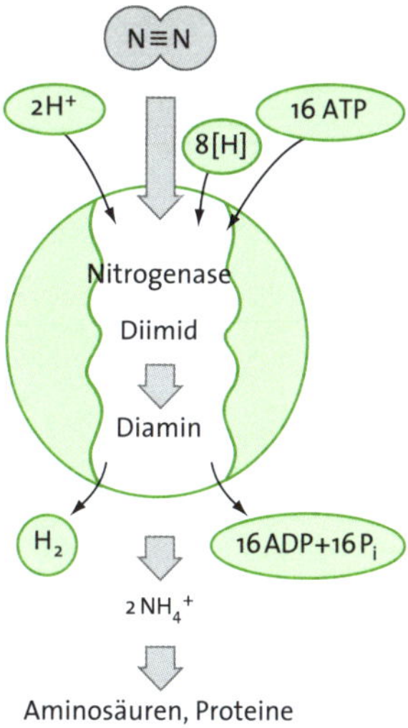

Beim Absterben der Bakterienzellen werden Stickstoffverbindungen freigesetzt. Möglicherweise werden auch von den lebenden Bakterien Aminosäuren oder andere Stickstoffverbindungen ausgeschieden. Diese Stickstoffverbindungen können von Azolla aufgenommen werden und später über abgestorbene Schwimmfarnpflanzen auch den Reispflanzen zugute kommen oder gleich ins Wasser diffundieren und damit der Resorption durch die Reiswurzeln zur Verfügung stehen.

Bei der N_2-Fixierung durch **Nitrogenase** wird außerdem Wasserstoff freigesetzt. Cyanobakterien könnten deshalb in Bioreaktoren als H_2-Bildner in der Zukunft eine große wirtschaftliche Bedeutung gewinnen.

2.4 Stofftransport bei Pflanzen

Wasserhaushalt

Neben dem Kohlenstoffdioxid aus der Luft bilden Mineralsalze und Wasser aus dem Boden die Grundlagen der Pflanzenernährung. Bei Landpflanzen wird Wasser durch die Wurzeln aufgenommen und gelangt über das Xylem bis in die Blätter, wo es verdunstet. Diese Verdunstung wird durch Spaltöffnungen (Stomata) geregelt. Ionenaustausch und aktiver Transport durch Zellmembranen ermöglichen die Aufnahme von Mineralsalzen aus dem Boden.

Aufnahme durch die Wurzeln

Die Aufnahme von Wasser und Mineralsalzen geschieht an den Wurzelspitzen, nur hier sind die Zellwände der **Rhizodermis** noch nicht verkorkt und wasserdurchlässig. Außerdem sind die Rhizodermiszellen zu langen **Wurzelhaaren** ausgewachsen, wodurch die absorbierende Oberfläche erheblich vergrößert wird. Die Wasseraufnahme geschieht osmotisch, bei der Aufnahme der Ionen spielen auch aktive Transportmechanismen eine Rolle. Dabei kann die Konzentration der Bodenlösung um den Faktor 100 bis 1000 angereichert werden.

Transport zum Zentralzylinder

Der Wassertransport von den Rhizodermiszellen bis zum **Zentralzylinder** der Wurzel kann entweder von Zelle zu Zelle über Plasmodesmen oder über die Zellwände kapillar (ähnlich wie durch Fließpapier) stattfinden. In der **Endodermis** blockiert eine korkartige Einlagerung in der Zellwand, der **Casparystreifen**, den weiteren Transport. Beim Übergang in den Zentralzylinder muss das Wasser deshalb durch den Protoplasten der Endodermiszellen. Dafür wird Stoffwechselenergie benötigt, weshalb man von einem aktiven Transport spricht.

Transport durch Wurzeln und Sprosse

Über die Gefäßzellen des **Xylems** gelangen Wasser und Mineralsalze aus der Wurzel in Sprossachsen und weiter bis in die Blätter. Die Triebkraft dafür ist die Verdunstung des Wassers in den Blättern und die dadurch entstehende **Saugspannung**. Die **Kohäsion** der Wassermoleküle untereinander die **Adhäsion** an die Gefäßwände sowie die Oberflächenspannung an den feinen Kapillaren der Zellwände verhindern, dass die Wasserfäden abreißen.

Bau der Wasserleitungsbahnen

Der Protoplast der Leitungsbahnen des **Xylems** ist abgestorben. Die ligninhaltigen Wände sind ring-, spiral- oder netzförmig versteift und bei vielen Gehölzen rundum verdickt. Die Verbindung zu Nachbarzellen wird dann durch sogenannte **Tüpfel** aufrecht erhalten. Bedecktsamer haben weitlumigere Gefäße als Nacktsamer, ihre Querwände sind zum größten Teil aufgelöst. Im Gegensatz zu den dünneren **Tracheiden** mit Querwänden, nennt man diese Gefäße **Tracheen**.

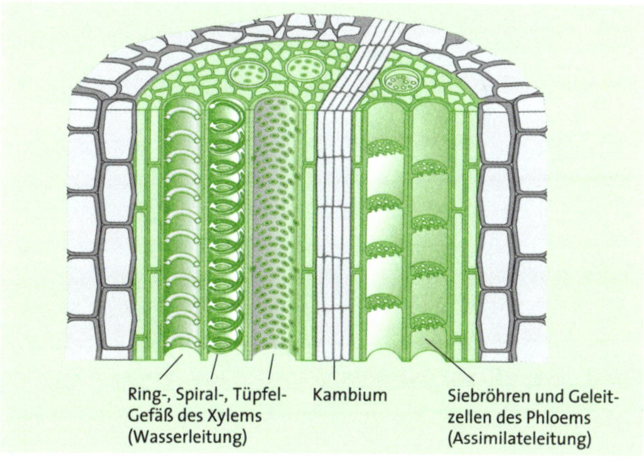

Spaltöffnungen (Stomata, Singular: Stoma)

Durch die Fähigkeit der Spaltöffnungen in der Epidermis der Blätter, sich zu öffnen und zu schließen, kann die Transpiration, d.h. die Wasserabgabe durch Diffusion, in weitem Umfang geregelt werden.

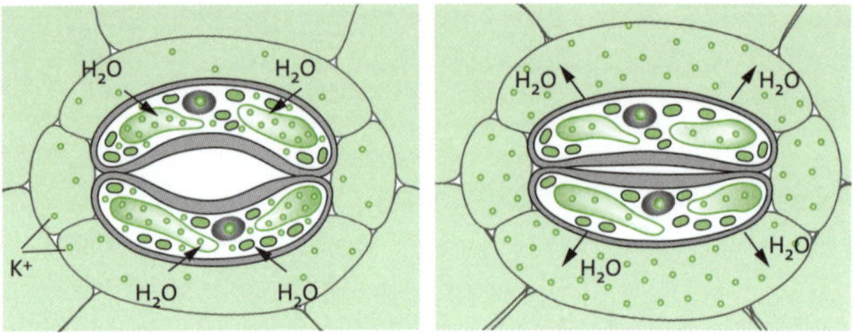

Öffnen und Schließen der Spaltöffnungen (Stomata), die jeweils aus zwei Schließzellen bestehen, durch Erhöhung bzw. Erniedrigung des Zelltuquors.

Transport organischer Substanzen

Die durch Fotosynthese hauptsächlich in der Palisaden- und Schwammschicht der Blätter gebildete Glucose wird in Saccharose als Transportform umgewandelt. Weitere transportierte Assimilate sind Oligosaccharide, Zuckeralkohole und Aminosäuren.

Transport zu den Leitungsbahnen

Der Transport der Assimilate vom assimilierenden Gewebe bis zu den Leitungsbahnen ist auf zwei Wegen möglich: Entweder von Zelle zu Zelle durch Plasmodesmen oder durch die Zellwände.

Ferntransport der Assimilate

Für den Ferntransport ist das **Phloem** verantwortlich. Der Eintritt in diese Leitungsbahnen erfolgt durch aktiven Transport unter ATP-Verbrauch. Im Gegensatz zu den Tracheen und Tracheiden des Xylems enthalten die Assimilate leitenden Zellen, die sogenannten **Siebzellen** (bei Bedecktsamern auch Siebröhren genannt), noch Protoplasma. Ihr Name rührt daher, dass ihre Querwände mit Poren durchsetzt sind, dies erleichtert den Stofftransport. Siebzellen der Bedecktsamer enthalten keinen Kern, wohl aber die sie flankierenden **Geleitzellen**.

Richtung des Assimilattransports

In den Siebröhren bewegen sich die Assimilate mit dem Wasserstrom. Dieser Assimilatestrom ist in alle Richtungen möglich, von den Fotosyntheseorganen zu den Speicherorganen und den Vegetationspunkten, aber auch von den Speicherorganen zu den Verbrauchsorten. Nach dem **Druckstrommodell** wird die jeweilige Richtung des Phloemtransports durch ein osmotisches Gefälle und damit durch einen Turgorgradienten bewirkt.

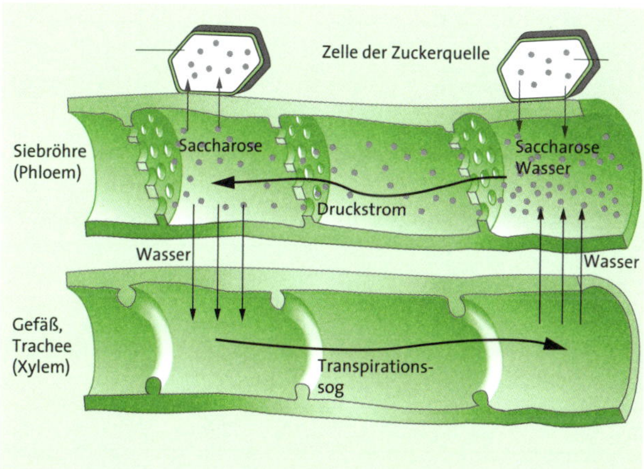

Assimilattransport nach dem Druckstrommodell.
Oben Siebröhre (Phloem), unten Trachee (Xylem)

2.5 Stoffwechsel bei Tieren und Mensch

Verdauung und Resorption

Verdauung und Resorption von Nährstoffen sind zum Aufbau und Ersatz von Zellstrukturen und zur Energiegewinnung lebensnotwendig. Viele Protisten sowie alle Pilze und Tiere sind heterotroph, d. h., sie beziehen ihre Nährstoffe aus lebenden oder toten Organismen. Die **Nahrungsaufnahme** erfolgt bei Protisten und Pilzen durch die Zellmembran und bei Tieren nach dem Fressen über die Darmzellen.

Teilprozesse der Nahrungsverarbeitung:

- **Verdauung:** enzymatischer Abbau der in der Nahrung enthaltenen Makromoleküle in Nahrungsvakuolen, Darmsäcken oder Darmkanälen, seltener außerhalb des Körpers.
- **Resorption:** Aufnahme der Nährstoffe in die Körperzellen. Bei Tieren mit durchgehendem Verdauungskanal übernehmen spezialisierte Zellen des Verdauungskanals die Resorption.
- **Ausscheidung:** Abgabe unverdaulichen Materials. Bei Einzellern wird es durch die Zellmembran, bei Tieren als Kot (Defäkation) über das Darmende (After) ausgeschieden.

Verdauung beim Menschen

Ein Mensch nimmt durchschnittlich jährlich 500 kg Nahrungsmittel auf. Verdaut wird die Nahrung in einem etwa acht Meter langen Schlauch, der sich in Mundhöhle, Speiseröhre, Magen und Darm gliedert. Während der Passage werden Proteine, Kohlenhydrate und Fette zu Aminosäuren, Monosacchariden, Glycerin und Fettsäuren abgebaut und zusammen mit Vitaminen, Mineralstoffen und Wasser durch die Darmwand in Blut oder Lymphe aufgenommen. Die für die Darmbewegung wichtigen Ballaststoffe werden nicht verdaut.

Verdauungsvorgang

In der Mundhöhle beginnt die Verdauung. Der Speichel enthält spaltende Enzyme, so z. B. die **Amylase**, die einen Teil der Stärke zu Maltose (einem Disaccharid) abbaut.

Der menschliche **Magen** fasst 1,5 bis 2 Liter Nahrung. Er hat eine Funktion als Vorratsbehälter und vermischt die Nahrung durch starke Muskelkontraktionen. Außerdem wird der Nahrungsbrei durch die Abgabe von Protonen und aus dem Blut stammenden Chloridionen stark angesäuert (**Magensäure** hat den pH-Wert 1,5). Dies wirkt keimtötend und aktiviert außerdem das Eiweiß verdauende Enzym **Pepsin** im Magensaft.

Der etwa drei Meter lange **Dünndarm** beginnt mit dem 25 cm langen **Zwölffingerdarm**, in den Gallengang und Gang der Bauchspeicheldrüse münden. Dort findet die weitere Verdauung von Proteinen, Fetten und Kohlenhydraten statt. Die daran beteiligten Enzyme stammen aus der Bauchspeicheldrüse und aus den Zellen der Darmwand, der Gallensaft kommt aus der **Leber**. Die in ihm enthaltenen **Gallensäuren** emulgieren Fette in Fetttröpfchen. Der alkalische Bauchspeichel neutralisiert den sauren Nahrungsbrei, die enthaltenen Lipasen spalten Fette in Fettsäuren und Glycerin, Proteinasen und Amylasen setzen die Eiweiß- und Kohlehydratverdauung fort. Ein großer Teil der Verdauung wird im Zwölffingerdarm abgeschlossen, der restliche Dünndarm resorbiert über passive Osmose oder aktive, Stoffwechselenergie umsetzende Vorgänge die Verdauungsprodukte.

Im **Dickdarm** wird vor allem Wasser durch einfache Diffusion resorbiert und der Darminhalt zum Kot eingedickt. Hier finden auch bakterielle Zersetzungsvorgänge statt und ein Teil der bakteriellen Abbauprodukte – auch einige Vitamine – diffundieren durch die Darmwand ins Blut.

Atmung und Atmungsorgane

Über die Atmungsorgane gelangt der für die Zellatmung wichtige Sauerstoff aus der Luft in die Körperzellen:

- **innere und äußere Atmung:** Bei vielen Tieren wird unterschieden zwischen **äußerer Atmung**, die das Blut mit Sauerstoff versorgt und **innerer Atmung**, bei der Zellen kontinuierlich mit Sauerstoff versorgt werden. Dieser stammt entweder aus der Luft oder aus dem Wasser.
- **respiratorische Oberflächen:** Bereiche, in denen Sauerstoff aus der Umgebung in den Organismus aufgenommen und Kohlenstoffdioxid abgegeben wird **(Gaswechsel)**. Bei Einzellern, Schwämmen, Nesseltieren und Plattwürmern kann dies die gesamte Körperoberfläche sein. Bei den meisten anderen Tieren sind die respiratorischen Oberflächen weitgehend auf spezielle Atmungsorgane beschränkt.
- **Atmungsorgane:** Insekten atmen durch **Tracheen**, ein stark verzweigtes Röhrensystem, durch das die Atemluft zu allen Körperzellen gelangt. Die Diffusion kann durch Muskelbewegungen unterstützt werden. Fische und Amphibienlarven atmen durch **Kiemen**. Bei Lurchen, Reptilien, Vögeln und Säugern ist die respiratorische Oberfläche der **Lungen** unterschiedlich differenziert entwickelt.

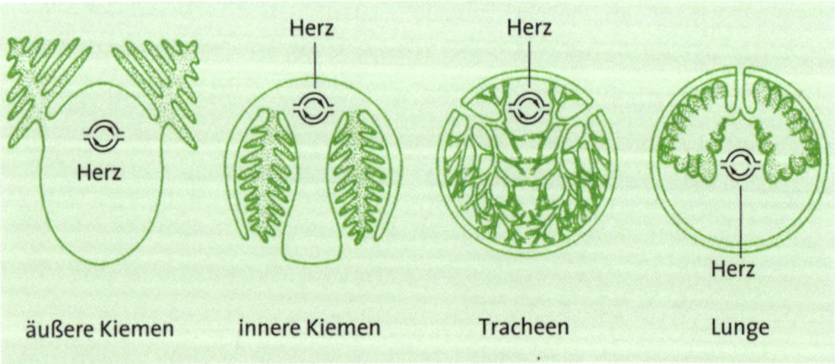

Bau (schematisch) von Kiemen, Tracheen und Lungen

Atmung beim Menschen

Beim Menschen gelangt, wie bei allen Säugetieren, die Luft durch die **Nase**, den **Rachen** und den **Kehlkopf** über die **Luftröhre (Trachea)** in die **Bronchien**. Jede Bronchie verzweigt sich etwa zwanzigmal in immer kleiner werdende **Bronchiolen**, die schließlich in den **Lungenbläschen** enden. Trachea und Bronchien sind mit Schleimhaut und Flimmerepithel ausgekleidet. An den Lungenbläschen findet der Gasaustausch zwischen der Atemluft und dem Blut statt: Sauerstoff diffundiert von der Atemluft in das Blut und wird dort vor allem vom **Hämoglobin** der roten Blutkörperchen aufgenommen, Kohlenstoffdioxid diffundiert vom Blut in die Luft der Lungenbläschen und wird ausgeatmet. Eingeatmete Luft enthält etwa 21% Sauerstoff und 0,04% Kohlenstoffdioxid, ausgeatmete Luft enthält etwa 16% Sauerstoff und 4% Kohlenstoffdioxid.

Herz und Blutkreislauf

Bei vielen Tieren ist das Blut Transportmittel für Nährstoffe, den Sauerstoff, das Kohlenstoffdioxid, Signalstoffe und Abbauprodukte. Dabei werden zwei Kreislaufsysteme unterschieden:

- **offenes Kreislaufsystem:** bei Weichtieren und Gliederfüßern. Das Herz der Insekten ist ein lang gestreckter Schlauch auf der Rückenseite, der den Körpersaft, die aus Blut und Lymphe bestehende **Hämolymphe**, im Körper von hinten nach vorne befördert.
- **geschlossener Blutkreislauf:** bei Ringelwürmern und Wirbeltieren. Bei Letzteren liegt das kräftige **Herz** auf der Bauchseite. Die Blutgefäße, die zum Herzen führen, heißen **Venen**, diejenigen, die vom Herzen abgehen, **Arterien**. Sehr feine, netzartig verzweigte Adersysteme, die **Kapillarnetze**, sind in den Kreislauf eingeschaltet. In ihnen findet der Stoffaustausch mit den Körperzellen statt.

Kreislaufsysteme der Wirbeltiere

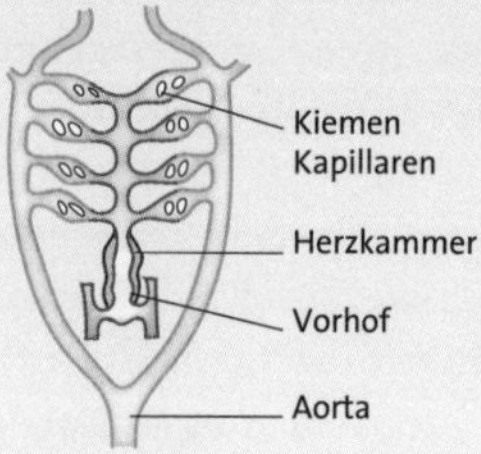

Knochenfisch

Fische: einfacher Blutkreislauf. Das Herz pumpt das verbrauchte, sauerstoffarme Blut aus dem Körper in die Kiemen, dort wird CO_2 abgegeben und O_2 aufgenommen.

Landwirbeltiere: doppelter Blutkreislauf. Das Blut fließt im Lungenkreislauf vom Herzen in die Lunge und wieder zum Herzen zurück, in einem zweiten Schritt wird es durch den Körper gepumpt (Körperkreislauf).

Amphibien, die meisten **Reptilien**: Die Herzkammer ist nur unvollständig aufgeteilt, weshalb es zu einer gewissen Vermischung der beiden Kreisläufe kommt.

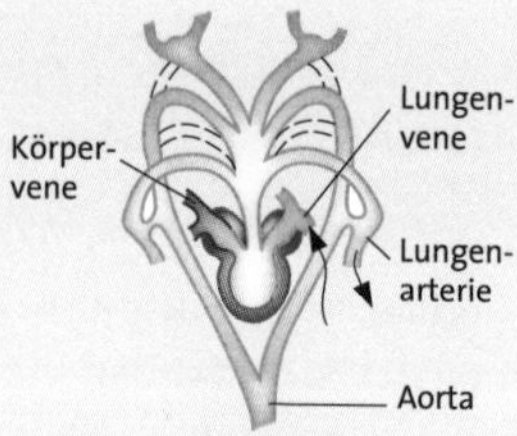

Amphibium

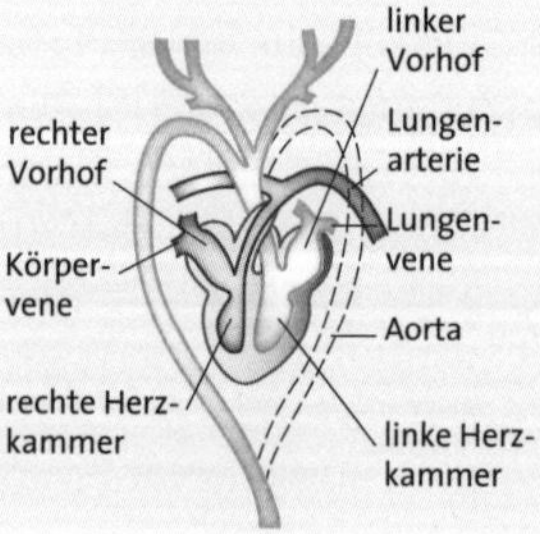

Säugetier

Säugetiere, Vögel, Krokodile: Das Herz wird durch eine Scheidewand vollständig in eine linke und eine rechte Hälfte geteilt. Beide Hälften arbeiten wie in Serie geschaltete Pumpen.

Bau und Funktion des Säugerherzens

Jede Hälfte besteht aus einer **Vorkammer**, in die die **Venen** münden, und einer **Hauptkammer**, der die **Arterien** entspringen. In den Verbindungen zwischen Vorkammern und Hauptkammern wirken **Segelklappen** als Ventile, der Rückfluss aus den Arterien wird durch **Taschenklappen** verhindert. Die rechte Herzhälfte versorgt den Lungenkreislauf, die linke den Körperkreislauf. Beide Hälften arbeiten synchron. Während der Herzerweiterung **(Diastole)** fließt das Blut in die Vorkammern ein, die Vorkammern kontrahieren sich und pressen das Blut in die Hauptkammern. Dann zieht sich die kräftige Muskulatur der Hauptkammern zusammen **(Systole)** und presst das Blut aus der rechten Herzkammer in die Lungenflügel und aus der linken Herzkammer in den **Aortenbogen** und damit in den Körperkreislauf. Das Herz schlägt rhythmisch (im Ruhezustand etwa ein Mal pro Sekunde, Pulsfrequenz 60) und wird von eigenen **Erregungszentren (Vorhofknoten** und **Sinusknoten** im Herzmuskel) gesteuert.

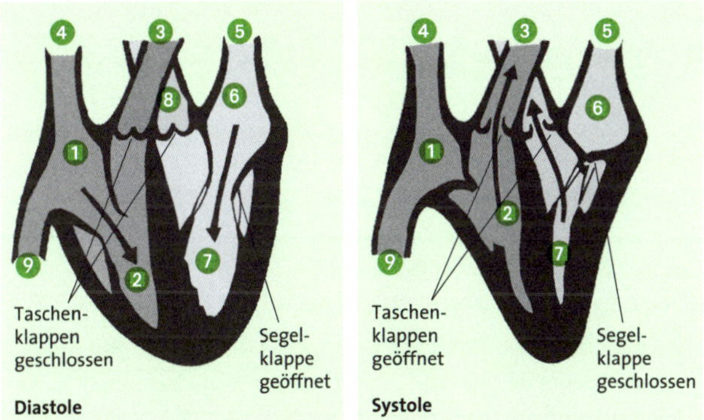

(1) rechte Herzvorkammer, (2) rechte Herzkammer, (3) Stamm der Lungenarterien, (4) obere Hohlvene, (5) Lungenvene, (6) linke Herzvorkammer, (7) linke Herzkammer, (8) Aorta, (9) untere Hohlvene. Hell: sauerstoffreiches Blut, dunkel: sauerstoffarmes Blut.

Ausscheidung (Exkretion)

Aufgaben der Ausscheidungsorgane

Ausscheidung der für den Körper wertlosen oder giftigen Stoffe, bei Tieren insbesondere stickstoffhaltige Verbindungen aus dem Eiweißabbau,
Konstanthalten des Salzgehalts der Körperflüssigkeit **(osmotische Regulation)**.

Exkretionssysteme

Pflanzen: Abscheidung überflüssiger Stoffe oft durch oberflächliche Drüsen oder Ablagern in besonderen Zellen oder Geweben (Kalk, Oxalat).

Protisten: meist Osmoregulation durch kontraktile Vakuolen.

Tiere: meist besondere Kanalsysteme, die den Körper durchziehen und Exkrete, Flüssigkeit und Salze sammeln und ausscheiden:

- **Protonephridien:** blind endende Schläuche, die durch einen Porus nach außen münden.
- **Metanephridien:** Kanäle, die über einen offenen Wimpertrichter Flüssigkeit aus der Leibeshöhle aufnehmen. Im geschlängelten Nephridialgang werden Wasser und bestimmte andere Stoffe rückresorbiert. Metanephridien besitzen u. a. Weichtiere und Gliederfüßer.
- **Malpighische Gefäße:** bei Insekten vorkommende lange, schlauchartige Darmausstülpungen. Die Exkretstoffe werden aus der Körperflüssigkeit aufgenommen und nach Rückresorption in konzentrierter Form in den Darm abgegeben.
- **Nieren:** die Exkretionsorgane der Wirbeltiere.

Nieren

Die Nieren der Wirbeltiere sind kompakte Organe, die jedoch wie Nephridien aus Röhrensystemen **(Nephrone)** zusammengesetzt sind. Im Prinzip arbeiten sie zunächst als Blutfilter: Aus den abgefilterten flüssigen Bestandteilen des Blutes werden bei Säugetieren 99 % des Wassers und andere für den Körper wichtige Stoffe rückresorbiert. Die beiden bohnenförmigen Nieren des Menschen werden etwa fünfzehnmal pro Stunde vom gesamten Blut durchströmt.

- **Primärharn** entsteht durch Druckfiltration aus arteriellem Blut (beim Menschen ca. 170 l pro Tag).
- **Endharn (Urin)** wird in wesentlich geringerer Menge ausgeschieden (0,5 bis 1,5 l pro Tag), da das meiste Wasser rückresorbiert wird.
- Glucose und bestimmte Ionen werden durch aktiven Transport zurückgeholt.
- **Harnstoff** ist das wichtigste Ausscheidungsprodukt (Exkret) im Harn der Säugetiere. Er ist in Wasser gelöst und osmotisch wirksam.
- **Harnsäure** ist das Exkret der Vögel und Reptilien. Sie ist wasserunlöslich, weshalb das Exkret wie eine weiße Paste aussieht und die Tiere mehr Wasser sparen können.

Die Nieren der Säugetiere können Volumen und Salzkonzentration des Urins den Lebensumständen anpassen. Wenn viel Flüssigkeit aufgenommen wird, kann ein großes Volumen schwach konzentrierten Urins ausgeschieden werden, bei geringem Flüssigkeitsangebot steigt die Urinkonzentration stark an. Dieser Vorgang wird hormonell gesteuert, z. B. durch das antidiuretische Hormon (ADH) des Hypothalamus.

3 Steuerung, Regelung und Informationsverarbeitung

Wichtige Informationen

Grundbegriffe	
Lebende Zellen bilden an der Zellmembran chemische und elektrische Konzentrationsgefälle (Gradienten) aus.	Der elektrische Gradient wird als **Membranpotenzial** bezeichnet. Es ist auf Unterschiede in der Ionenzusammensetzung (chemische Gradienten) der intra- und extrazellulären Flüssigkeit zurückzuführen.
„**Erregung**“ einer Zelle bedeutet, dass sich die Membraneigenschaften und damit die Gradienten an der Zellmembran ändern.	Das Potenzial des Ruhezustandes wird als **Ruhepotenzial** bezeichnet. An erregten Zellen ändert es sich zum **Aktionspotenzial**.
Erregungen breiten sich an Membranen aus. Dadurch kann es zur **Erregungsleitung** kommen.	Spezialisierte Zellen der Erregungsleitung bei Tieren sind **Nervenzellen**.
Gerichtete Erregungsleitung wird dadurch erreicht, dass nach der Erregung eine Zeit lang keine neue Erregung möglich ist.	Die Zeit, in der keine neue Erregung möglich ist, wird **Refraktärzeit** genannt.
An Zellgrenzen kann Erregungsübertragung durch Freisetzung von **Transmittern** stattfinden.	**Synapsen** sind Übertragungsstrukturen zwischen Nervenzellen und zwischen Nerven- und Muskelzellen.

3.1 Erregung und Erregungsleitung

Erregbarkeit von Zellen

Membranpotenzial: Auf der Innenseite der Zellmembran finden sich normalerweise mehr negative Ladungen, auf der Außenseite mehr positive. Diese Potenzialdifferenz wird durch passive Mechanismen (Diffusion von K^+-Ionen) und aktive Transportvorgänge (Protonen bei Pflanzen; Na^+-Ionen bei Tieren) aufrechterhalten. Sie kann mithilfe von Mikroelektroden gemessen werden.

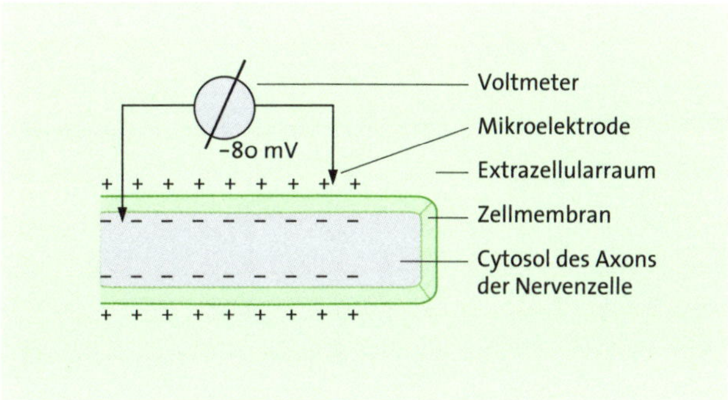

Messanordnung für die Messung des Membranpotenzials

Ruhepotenzial: Membranpotenzial einer nicht erregten Zelle. Im Ruhezustand ist die Membran tierischer Zellen für K^+-Ionen etwa hundertmal besser durchlässig als für Na^+-Ionen, sodass K^+-Ionen dauernd aus der Zelle herausdiffundieren. Da die Anionen im Zellinneren nicht folgen können, ist das Zellinnere um 50 bis 100 mV negativer als das Zelläußere. Die Ionen gelangen entweder über ionenspezifische Tunnelproteine (z. B. Na^+- und K^+-Kanäle) oder über Stoffwechselenergie umsetzende Transportproteine von einer Membranseite zur anderen.

Aktionspotenzial: Plötzliche Änderung des Membranpotenzials durch Reizeinwirkung. Der zur Erregung führende Reiz ist nur Auslöser, nicht Energielieferant für den Erregungsvorgang. Erreicht die Reizschwelle einen bestimmten Schwellenwert, öffnen sich in der Zellmembran plötzlich Kanäle für Na^+-Ionen. Es kommt zu einem raschen Einstrom und dabei zu einer Potenzialumkehr (Depolarisation), bei der das Zellinnere bis zu 40 mV positiver wird als das Zelläußere.

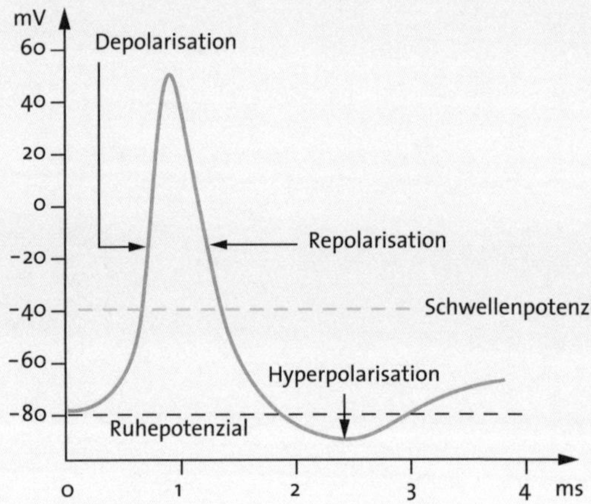

Verlauf des Aktionspotenzials

Alles-oder-Nichts-Regel

Aktionspotenziale folgen der Alles-oder-Nichts-Regel, d.h., ist das Schwellenpotenzial überschritten, haben sie – unabhängig von der Reizstärke – dieselbe Größe. Die Reizstärke drückt sich in der Frequenz der aufeinander folgenden Aktionspotenziale aus.

Afferente und efferente Bahnen

Reize der Umwelt werden aufgenommen und als Erregung über afferente Bahnen zum ZNS geleitet. Dort kommt es zur Verarbeitung und Speicherung und – abhängig von Erfahrungen und Randbedingungen – über efferente Bahnen zur Erregung der Zielorgane.

Intrazelluläre Erregungsleitung

Nervenzellen (Neuronen) sind spezialisierte, mit bis meterlangen Fortsätzen versehene Zellen der Erregungsleitung bei Tieren. Sie bestehen aus einem Zellkörper **(Perikaryon)** sowie Fortsätzen, über die Erregungen zugeführt **(Dendriten)** bzw. weitergeleitet **(Neurit, Axon)** werden.

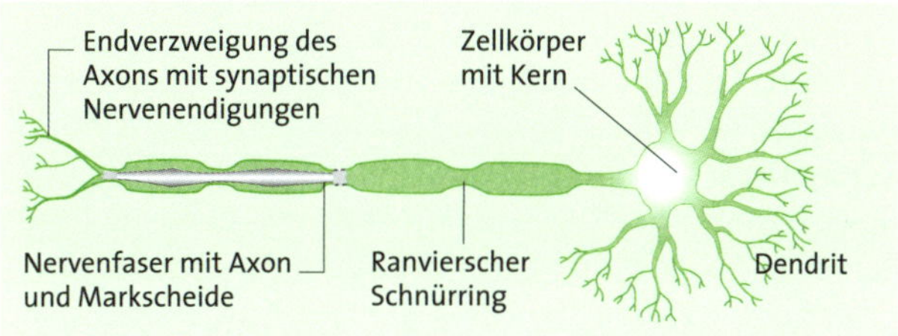

Leitungsgeschwindigkeit: Die Geschwindigkeit, mit der die Erregung weitergeleitet wird. Sie ist um so größer, je dicker die Nervenfasern sind. Die dicksten Fasern kommen bei Tintenfischen vor (bis 1 mm Durchmesser). In solchen Fasern kann die Ausbreitungsgeschwindigkeit bis zu 30 m/s betragen. Bei Wirbeltieren kann die Erregungsleitung durch besondere Strukturen auf bis zu 120 m/s ansteigen (↑S. 50).

Kontinuierliche Erregungsleitung: Form der Erregungsleitung bei marklosen Nervenfasern. Die Depolarisation der

Zellmembran wirkt wie ein elektrischer Reiz, der in den benachbarten Membranabschnitten Erregungen auslöst. So breitet sich die Erregung wie eine Wellenbewegung über die ganze Zelloberfläche aus.

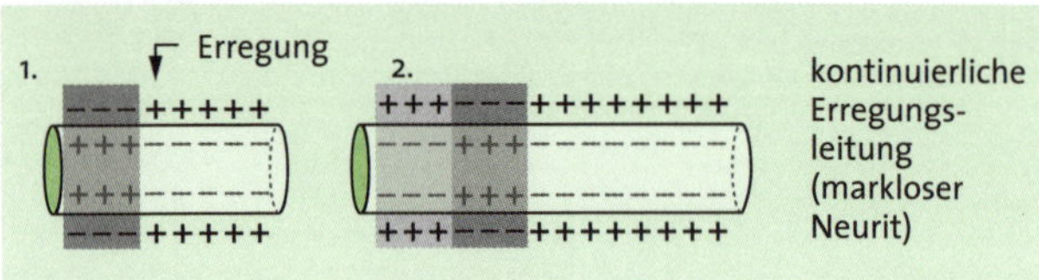

Myelinscheide: Umhüllung des Neuriten mit einem myelinreichen Isoliergewebe aus Gliazellen, den Schwann-Zellen, das den elektrischen Widerstand der Faser erhöht.
Ranvier-Schürringe: Unterbrechungen der Myelinscheide, an denen der elektrische Widerstand der Fasermembran relativ niedrig ist und die Anzahl der Na^+-Kanäle hoch. Neuriten mit einer durch Ranvier-Schnürringe unterbrochenen Myelinscheide werden markhaltige Neuriten genannt.
Saltatorische Erregungsleitung: Bei markhaltigen Neuriten fließt der Strom bei Erregungsausbreitung immer nur von Schnürring zu Schnürring. Die dazwischenliegenden Segmente bleiben unerregt. So können Leitungsgeschwindigkeiten bis zu 120 m/s erreicht werden. Die saltatorische Erregungsleitung ist charakteristisch für Wirbeltiere.

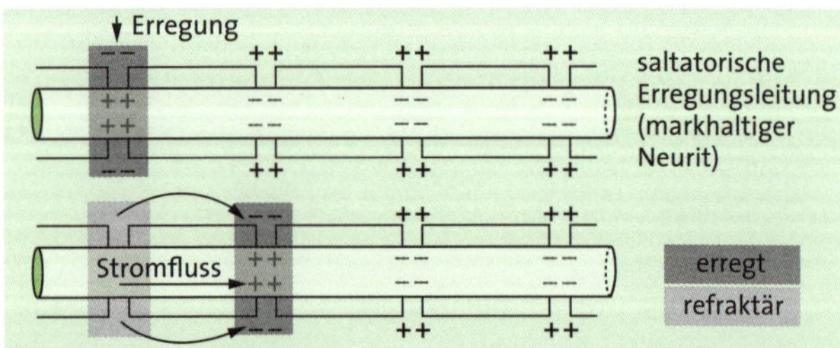

Erregungsleitung bei Pflanzen: Auch bei manchen Pflanzen (Mimose, Venus-Fliegenfalle) kann eine Erregungsleitung über längere Strecken festgestellt werden. Bei der Mimose hat man Geschwindigkeiten bis zu 3 cm/s gemessen. Als Ort der Erregungsleitung über längere Strecken gilt das Phloem.

Interzelluläre Erregungsübertragung

Synapsen: spezielle Strukturen der Nervenzellen zur Weiterleitung der Erregung an Nachbarzellen. Synapsen können die Erregungsübertragung, die auf elektrischem oder meist chemischem Weg erfolgt, fördern oder auch hemmen.
Neurotransmitter (Transmittersubstanzen): Stoffe, die die chemische Erregungsübertragung an Synapsen bewirken.

Beispiele für Transmittersubstanzen und ihre Wirkung

Transmitter	Wirkungsort	Wirkung
Acetylcholin	Skelettmuskel, motorische Nervenzellen, vegetatives NS	erregend erregend erregend oder hemmend
Noradrenalin	meist in sympathischen Teilen des ZNS	erregend (Herzmuskel) oder hemmend (Darmmuskel)
Serotonin	Hirnstamm, Hypothalamus	meist hemmend
Substanz P (Neuropeptid)	afferente Fasern des ZNS	erregend

Synapsengifte: Sie hemmen die Abgabe der Transmitter oder sie sind ihnen so ähnlich, dass sie an ihrer Stelle mit den

Rezeptormolekülen reagieren. Auf diese Weise ist die lähmende Wirkung des Pfeilgifts Curare zu erklären.

Erregungsübertragung an Synapsen

Beispiel: **cholinerge Synapse**

1. Durch das Aktionspotenzial werden Ca^{2+}-Kanäle geöffnet.
2. Ca^{2+}-Ionen führen zur Wanderung der synaptischen Bläschen und zur Öffnung der **präsynaptischen Membran** in den **synaptischen Spalt**.
3. **Acetylcholin** verbindet sich mit den Acetylcholin-Rezeptor-Molekülen in der postsynaptischen Membran, Natriumionenkanäle öffnen sich.
4. Das Enzym Cholinesterase spaltet Acetylcholin (ACh) in Acetat (A) und Cholin (Ch).
5. Acetat und Cholin wandern z. T. in die Zelle zurück und werden zu Acetylcholin verbunden, z. T. wird Acetylcholin neu gebildet.

Ähnlich funktionieren Synapsen mit anderen Transmittersubstanzen. Bei Hemmung wird die Durchlässigkeit der **postsynaptischen Membran** nicht für Na^+-Ionen, sondern für K^+ bzw. Cl^- erhöht, was zur Hyperpolarisation führt.

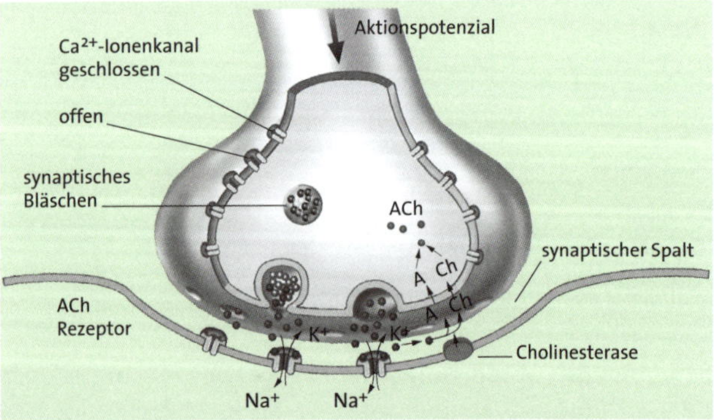

Reizaufnahme und Reaktion

Orte der Reizaufnahme

Reize werden durch Sinneszellen (Rezeptorzellen) aufgenommen. Es gibt verschiedene Rezeptortypen:

- **Primäre Sinneszellen** (a): Der Zellkörper geht unmittelbar in den erregungsleitenden Neuriten über.
- **Sekundäre Sinneszellen** (b): Modifizierte Epithelzellen, bei denen der Zellkörper von den Fortsätzen sensibler Neurite umschlossen wird (nur bei Wirbeltieren nachgewiesen).
- **Freie Nervenendigungen** (c): Feinste Verzweigungen der sensiblen Neurite (z. B. Tastsinn, Schmerzempfindung der Wirbeltiere).

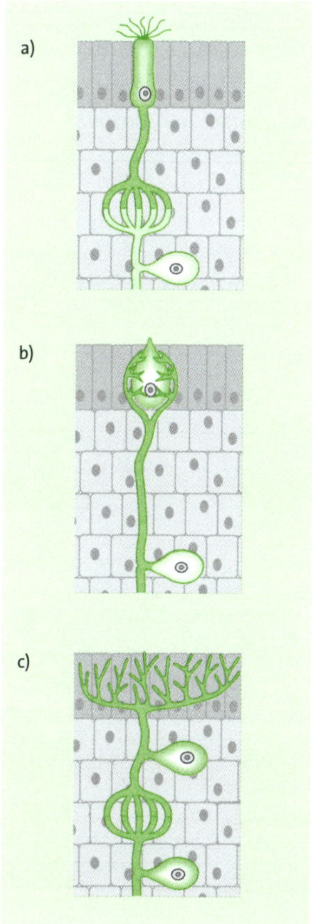

3.2 Sinnesorgane

Bei den meisten Tieren bilden Rezeptorzellen zusammen mit anderen Gewebestrukturen komplexe Sinnesorgane. Ein Sinnesorgan vermittelt bestimmte Sinneseindrücke, deren Summe als **Sinnesempfindung** bezeichnet wird. Das Gehirn interpretiert die sensorische Erregung unter Einbeziehung von gespeicherten Informationen. Eine **Wahrnehmung** entsteht.

Reizart	Sinne	Empfindungen
Licht	Lichtsinn	Hell/dunkel, Farben, Bewegung, räumliches Sehen, Entfernungssehen
Elektrische Felder	Elektrischer Sinn	Veränderungen der elektrischen Feldstärke
Magnetfelder	Magnetsinn	Richtung des Magnetfeldes
Mechanische Reize	Gehörsinn	Töne, Lautstärken, Geräusche
	Gleichgewichtssinn	Körperlage im Raum, Haltung, Bewegung
	Druck- und Berührungssinn	Druck- und Berührungsempfindungen
Chemische Reize	Geruchssinn	Geruchsqualitäten (z. B. faulig, blumig, brenzlig)
	Geschmackssinn	Geschmacksqualitäten (z. B. süß, bitter, sauer)
Temperaturveränderungen	Temperatursinn	Wärme- und Kälteempfindung
Alle Reizarten	Schmerzsinn	Schmerzen

Einfache mechanische Sinne

Beispiel: Vor allem in der Haut des Menschen befinden sich zahlreiche Rezeptoren für Druck, Berührung und Vibration (Tastrezeptoren):

Rezeptortypen	Druckrezeptoren	Berührungsrezeptoren	Vibrationsrezeptoren
Rezeptorbezeichnung	Merkelzellen, Tastscheiben	Meissnerkörperchen, Haarwurzel-Rezeptoren	Pacini-Körperchen
Rezeptorfunktion	messen die Druckintensität sowie die Reizwirkungsdauer	messen die Geschwindigkeit der Deformation	messen die Beschleunigung der Deformation

Schallsinn (akustischer Sinn)

Schallsinnesorgane haben die Fähigkeit, Druckschwankungen durch spezialisierte mechanische Sinneszellen in Erregungen umzuwandeln.

Druckschwankungen, die sich wellenförmig ausbreiten, bezeichnet man als Schall. In Schallsinnesorganen werden sie in mechanische Schwingungen umgesetzt, die schließlich zur Erregung von Rezeptorzellen führen. Tierarten, die Laute erzeugen, haben in der Regel auch Gehörorgane, so z. B. Grillen, Heuschrecken und Zikaden.

Die meisten Säugetierarten können die Schwingungen der Luft oder des Wassers wesentlich besser wahrnehmen als der Mensch und hören daher um ein Vielfaches besser. Damit eine Hörempfindung entsteht, muss der Schall im Ohr mehrere Stationen durchlaufen.

Beispiel: **Das menschliche Ohr**

1. Schallwellen gelangen über Ohrmuschel und Gehörgang zum Trommelfell,
2. Trommelfell gerät in Schwingungen,
3. Schwingungen des Trommelfells führen zu rund 20-mal stärkeren Schwingungen des kleineren Ovalen Fensters,
4. Perilymphe im Vorhofgang der Schnecke gerät in Schwingungen,
5. Auslenkung des Endolymphschlauchs im Schneckengang und dadurch Bewegung der Basilarmembran des cortischen Organs,
6. Auslenken von Sinneshaaren und Erregung der Sinneszellen, d. h. Ausbildung von Rezeptorpotenzialen, wobei für jede Schallfrequenz die Haarsinneszellen an einer anderen Stelle erregt werden (Wahrnehmung der tiefsten Töne an der Schneckenspitze und der höchsten Töne an der Schneckenbasis).

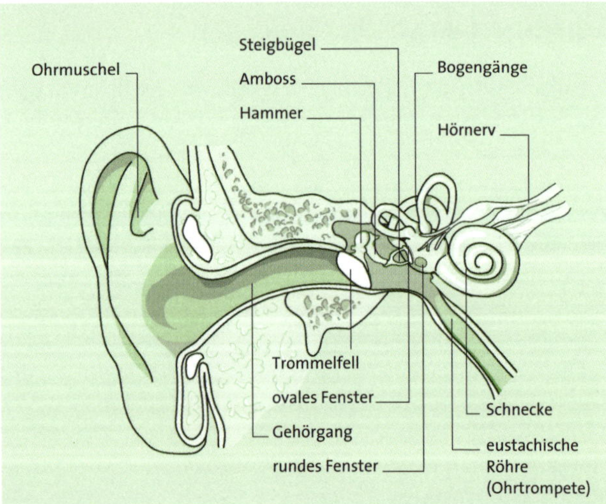

Gleichgewichtssinn

Beispiel: **Gleichgewichtsorgan des Menschen**

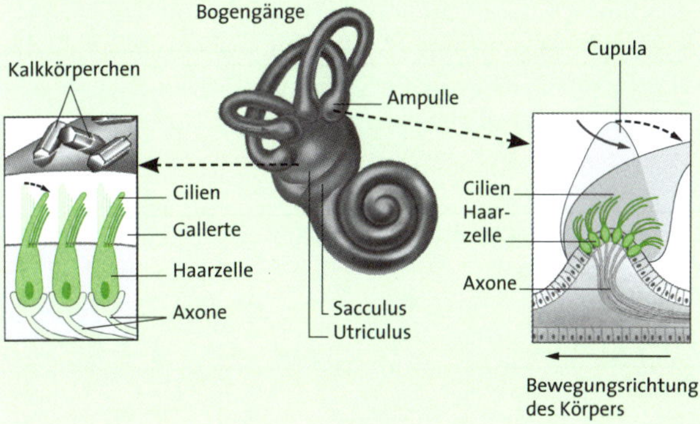

- Der Gleichgewichtssinn besteht aus Lage- und Bewegungssinn (Vestibularapparat).
- Das Gleichgewichtsorgan liegt im Innenohr und besteht aus den drei **Bogengängen** und dem oberen (**Utriculus**) und unteren Bläschen (**Sacculus**).
- Die statischen Sinnesorgane des Lagesinns tragen Sinneszellen mit Cilien, die in eine gallertige Masse hineinragen. Eine Veränderung der Lage durch Druckänderung bewirkt ihre Abscherung und damit ihre Reizung. So kann die Richtung der Schwerkraft wahrgenommen werden.
- Der Bewegungssinn ist in den drei senkrecht aufeinander stehenden Bogengängen lokalisiert. Jede Dreh- oder Linearbeschleunigung führt zu einer Bewegung der Endolymphe, wodurch die Cupula mit den Sinneshärchen abgebogen wird, was eine Reizung zur Folge hat.

Lichtsinn (optischer Sinn)

Der Lichtsinn ist die Fähigkeit, elektromagnetische Wellen wahrzunehmen. Licht besteht aus Lichtquanten (Photonen), die man sich als kurze „Wellenzüge" vorstellen kann. Für das menschliche Auge ist nur ein kleiner Teil des elektromagnetischen Spektrums sichtbar: der Wellenlängenbereich zwischen 390 und 780 nm. Hochentwickelte Lichtsinnesorgane haben z. B. Mollusken und Wirbeltiere, aber auch viele Insekten sind mit ihren Komplexaugen zu guten Sehleistungen befähigt.

Beispiel: **Das menschliche Auge**

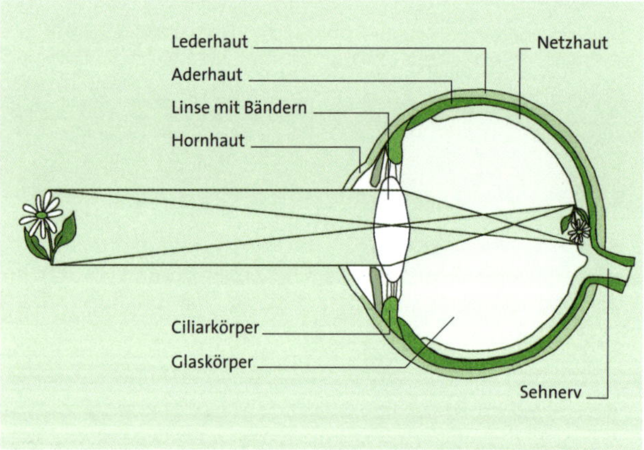

- Der optische Apparat des Auges besteht aus Hornhaut, Kammerwasser, bikonvexer Linse und Glaskörper.
- Den Augapfel umgeben von außen nach innen die Lederhaut, die Aderhaut und die Netzhaut oder Retina.
- In der Netzhaut liegen die Sinneszellen mit den Fotorezeptoren, die den Sehfarbstoff enthalten.

- Stäbchen sind Hell-Dunkel-Rezeptoren.

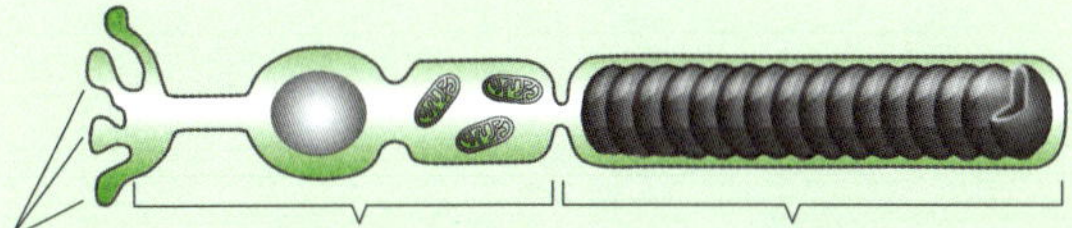

- Zapfen ermöglichen das Farbensehen. Es gibt drei Arten, die jeweils für gelbes (und rotes), blaues bzw. grünes Licht besonders empfindlich sind.

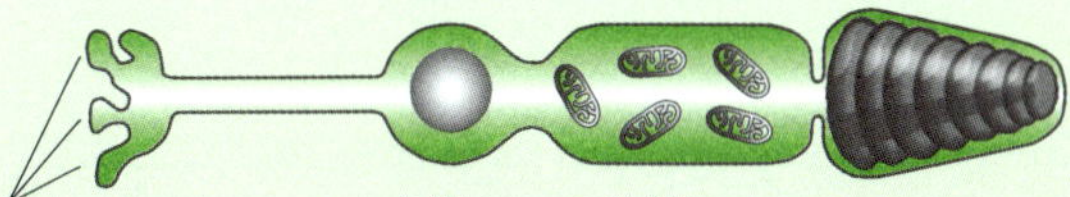

3

Chemische Prozesse beim Sehvorgang

- Alle **Sehfarbstoffe** bestehen aus einem Proteinanteil **(Opsin)** und einem Pigmentanteil (z. B. **11-cis-Retinal**, das durch Spaltung von β-Carotin entsteht).
- Durch Aufnahme von Photonen ändert der Sehfarbstoff seine chemische Struktur und dies führt zur Erregung der primären Sinneszellen.
- Unter Aufwendung von Stoffwechselenergie wird der Sehfarbstoff wieder in seine ursprüngliche Struktur überführt.

Weiterleitung optischer Reize

- Die **Fotorezeptoren** (ca. 130 Mio. im menschlichen Auge) liegen zwar auf der dem Licht abgewandten Seite der Netzhaut, trotzdem wird die Lichtenergie fast unabgeschwächt zu ihnen durchgelassen.

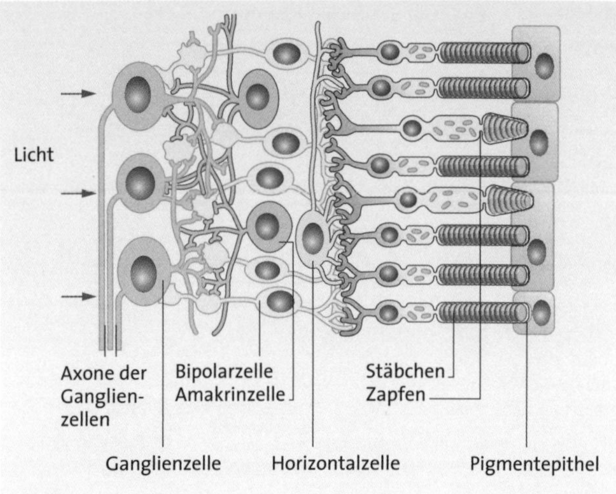

- Die Fotorezeptoren geben ihre Information über zwischengeschaltete Zellen an die **Ganglienzellen**, deren Axone den **Sehnerv** bilden.
- Die zwischengeschalteten Zellen sind **Bipolarzellen**, **Horizontalzellen** und **amakrine Zellen**. Sie stellen Querverbindungen zwischen den Rezeptoren und den Ganglienzellen her und ermöglichen dadurch eine erste Verarbeitung der optischen Reize in der Netzhaut.

Blinder Fleck und gelber Fleck

Der **blinde Fleck** ist die Stelle, an der der Sehnerv die Netzhaut verlässt. Dort können keine Lichtreize aufgenommen werden. Am gelben **Fleck (Fovea centralis)** sind die Lichtsinneszellen am dichtesten gepackt, die inneren Schichten rücken zur Seite. Deshalb ist dort die Stelle des schärfsten Sehens. Blinder Fleck und gelber Fleck liegen horizontal nebeneinander.

3.3 Informationsverarbeitung und Speicherung

▶ **Ein Nervensystem ist ein aus Neuronen aufgebautes, koordinierendes Organsystem**

Es erfüllt folgende Aufgaben:

Wahrnehmung der unterschiedlichen Reizarten mit Hilfe von Rezeptoren
Informationsverarbeitung und **Speicherung** auf allen Ebenen.
Beantwortung der Informationen (Reaktion) durch **Steuerung** entsprechender Verhaltensweisen bzw. der verschiedenen Körperorgane und Gewebe.

3

Einfache Nervensysteme

Die einfachsten Nervensysteme sind die netzartigen Systeme von Nesseltieren, die noch kein deutlich erkennbares Zentrum aufweisen. Bei anderen Wirbellosen kommen radiärsymmetrische und bilateralsymmetrische Nervensysteme vor. Mit der zunehmenden Zentralisation kommt es zu einer Differenzierung in **peripheres NS (PNS)** und **Zentralnervensystem (ZNS)**.

Nervensystem der Wirbeltiere

Das Nervensystem der Wirbeltiere besteht aus Neuronen und Gliazellen, die die Neuronen isolieren, schützen und nähren. Im ZNS werden Informationen verarbeitet. Das PNS sendet Informationen von den Rezeptoren in das ZNS (afferenter Teil) und vom ZNS zu den Muskel- und Drüsenzellen (efferenter Teil).

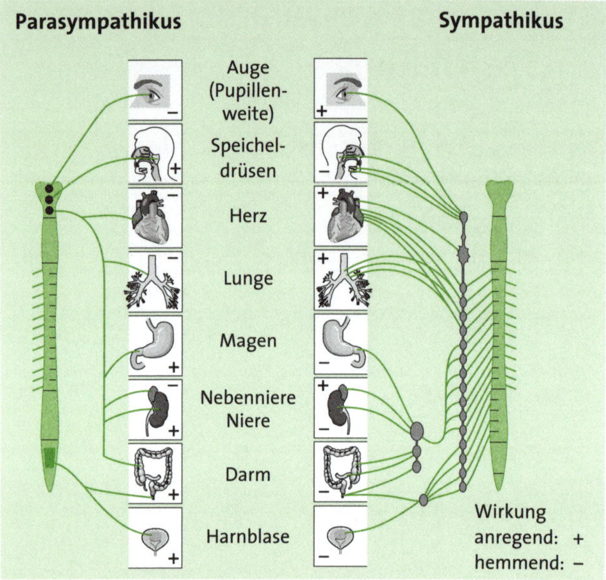

Das vegetative Nervensystem besteht aus zwei Gegenspielern: Parasympathikus und Sympathikus.

Das vegetative Nervensystem besteht aus zwei Gegenspielern: Parasympathikus und Sympathikus.

Das **efferente PNS** gliedert sich in das **somatische Nervensystem**, das die Skelettmuskulatur steuert und dem Willen unterworfen ist, und das **viscerale Nervensystem**, das für die glatte Muskulatur der Organe und des Verdauungs-, Hormon- und Ausscheidungssystems sowie den Herzmuskel verantwortlich ist. Dieser Teil ist nicht willentlich beeinflussbar. Zusammen mit sensorischen und zentralnervösen Anteilen des Nervensystems, die unbewusst und unwillkürlich arbeiten, wird dieser Teil als **vegetatives** oder **autonomes Nervensystem** bezeichnet.

Das **Rückenmark** ist der im Wirbelkanal der Wirbelsäule verlaufende Teil des ZNS, der aus Nervenfasern **(weiße Substanz)** und schmetterlingsförmig angeordneten Nervenzellkörpern **(graue Substanz)** besteht. Das Rückenmark leitet Impulse weiter und vermittelt unbedingte Reflexe. Verletzungsbedingte Durchtrennungen des Rückenmarks führen zu Querschnittslähmungen, die je nach Lage der Durchtrennung unterschiedlich große Körperbereiche betreffen.

Gehirn der Wirbeltiere

Das Gehirn der Wirbeltiere gliedert sich in fünf Abschnitte, die aus insgesamt drei Hirnbläschen entstanden sind:

Aus dem Vorderhirnbläschen entstehen das **Endhirn (Telencephalon)** und das **Zwischenhirn (Diencephalon)**. Das Endhirn entwickelt sich zum **Großhirn,** das sich in zwei Großhirnhemisphären gliedert, die dorsal und lateral die anderen Gehirnteile überdecken. Aus dem Zwischenhirn entstehen die wichtigen Zentren **Thalamus**, **Epithalamus** und **Hypothalamus**.

Aus dem Mittelhirnbläschen entsteht das **Mittelhirn (Mesencephalon)**.

Aus dem Rautenhirnbläschen entstehen das **Hinterhirn (Metencephalon)** und das **Nachhirn (Myelencephalon)**, das auch **Medulla oblongata** oder verlängertes Rückenmark genannt wird. Aus dem Hinterhirn entwickeln sich die **Brücke (Pons)** und das **Kleinhirn (Cerebellum)**.

Mittelhirn, Hinterhirn und Nachhirn werden auch als **Hirnstamm** bezeichnet.

Funktionen der Gehirnteile

- **Hirnstamm:** Homöostase, Bewegungskoordination und Weiterleitung von Informationen an höhere Gehirnzentren.
- **Mittelhirndach (Tectum):** Schaltzentrum, von dem aus

sensorische Informationen an Regionen des Vorderhirns gesendet werden.

- **Kleinhirn (Cerebellum):** Koordination und Fehlerkorrektur der Motorik und der Wahrnehmung, automatische Koordination von Körperbewegungen und Körperhaltungen, Auge-Hand-Koordination usw.
- **Zwischenhirn** mit Thalamus, Epithalamus und Hypothalamus: Wichtige Umschaltzentrale und Steuerzentrale des vegetativen Nervensystems sowie Verbindungsstelle zwischen Nerven- und Hormonsystem.
- **Großhirn mit Großhirnrinde (Cortex):** Größter und komplexester Teil des Säugergehirns, verantwortlich für höhere kognitive Fähigkeiten und komplexe Verhaltensweisen. Das Großhirn des Menschen ist etwa 5 cm dick und macht rund 80 % der Gehirnmasse aus und enthält etwa 50 Milliarden Neuronen. Das für Emotionen wichtige **limbische System** ist sein stammesgeschichtlich ältester Teil.

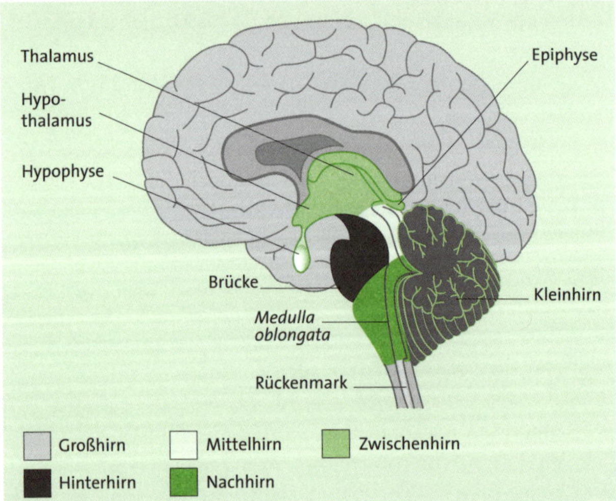

Gedächtnis, Sprache, Bewusstsein

Gedächtnis: Bezeichnung für die wieder abrufbare Speicherung von Informationen. Das sensorische Gedächtnis ist auf Erregungsleitung, das primäre Gedächtnis auf kreisende Erregungen, das sekundäre und tertiäre Gedächtnis auf dauerhafte Veränderungen an Synapsen (Engramme) zurückzuführen. **Lernen** ist eng mit Gedächtnisleistungen verknüpft.

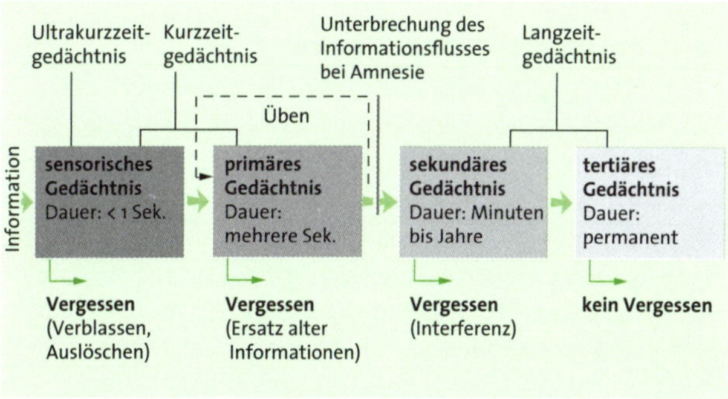

Sprache entwickelt sich als Ergebnis komplexer Interaktionen zwischen mehreren Bereichen des Gehirns. Voraussetzung für die artikulierte Sprache sind anatomische Veränderungen im Kehlkopfbereich, wie sie nach bisheriger Kenntnis nur beim Menschen vorkommen.

Bewusstsein kommt vermutlich durch eine komplexe Zusammenarbeit verschiedener Areale der Gehirnrinde zustande. Vermutlich hängt es mit dynamischen Aktivitätsmustern des gesamten Gehirns zusammen. Dabei wirken Wahrnehmung der Umwelt, Erinnerungen, Erwartungen, emotionale Zustände und Motivationen zusammen. Kennzeichen sind u.a. die Fähigkeit zur gerichteten Aufmerksamkeit, Abstraktionsfähigkeit, die Fähigkeit, die Folgen von Handlungen abzuschätzen,

Selbsterkenntnis und die Entwicklung bzw. das Vorhandensein von Wertvorstellungen und Mitgefühl.

Kognition: Bezeichnung für alle Prozesse, die mit dem Erkennen zusammenhängen, z. B. Gedächtnis, Erinnerung, Lernen, Denken, Vorstellung, Beurteilung.

3.4 Bewegung

Kontraktile Elemente in Zellen

Bei allen Bewegungen von Zellen sind **Proteinfilamente** (↑ S. 8) beteiligt, die z. B. zur Änderung der äußeren Form der Zelle aber auch zu Verschiebungen von Zellorganellen und zu Plasmaströmungen befähigen. Bei den Tieren haben sich im Laufe der Stammesgeschichte hoch spezialisierte Bewegungszellen, die **Muskelzellen**, herausgebildet. Sie enthalten hoch geordnete Proteinfilamente, das Aktin und das Myosin, die in paralleler Anordnung so genannte **Myofibrillen** bilden. In mehrkernigen Muskelzellen liegen sie in großer Zahl vor.

Myosin: lang gestreckte Proteine, die an einem Ende zwei kugelige Köpfchen aus globulärem Eiweiß tragen. Sie lagern sich zu lang gestreckten Fibrillen zusammen, an deren Oberfläche die Köpfchen nach allen Seiten abstehen.

Aktin: globuläre Eiweißmoleküle, die in einer Doppelschraube zu einer langen Kette **(Aktinfilament)** verknüpft sind, an die noch zwei weitere Eiweiße, das **Troponin** und das **Tropomyosin** angelagert sind. Im Ruhezustand blockiert der um das Aktin gewundene Tropomyosinfaden die Myosinbindungsstellen. Es kann erst zu einer Verbindung und damit zu der zur Muskelkontraktion führenden Gleitbewegung kommen, wenn das Tropomyosin etwas verschoben wird. Dies wird durch Calciumionen bewirkt.

Muskelbewegung

Bewegung ist auf aktive Muskelkontraktion und passive Muskeldehnung zurückzuführen. Während Skelettmuskeln willentlich bewegt werden, funktionieren glatte Muskulatur und Herzmuskel unwillkürlich. Der Mechanismus der Muskelkontraktion wird durch das **Gleitfilamentmodell** erklärt. Die dargestellten Prozesse laufen etwa 5-mal pro Sekunde ab.

Gleitfilamentmodell

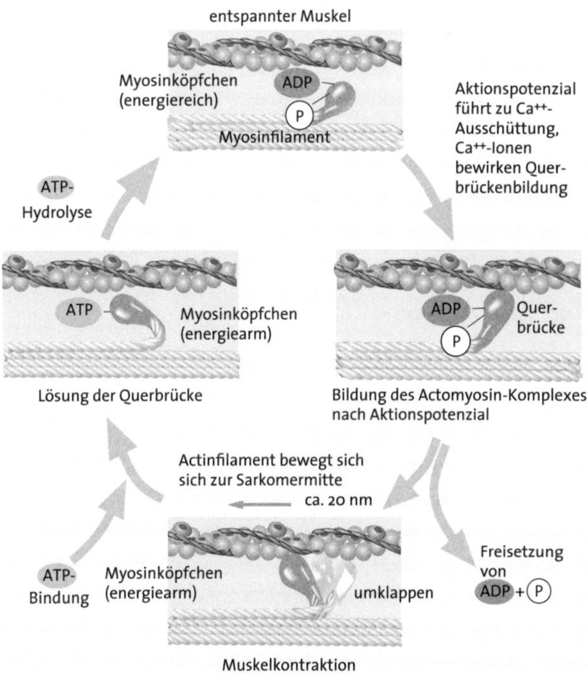

Steuerung der Muskelaktivität

- Die äußere Zellmembran der Muskelfaser ist stark gefaltet und reicht tief in das Zellinnere hinein.
- Das **sarkoplasmatische Reticulum** (ER der Muskelzelle) steht in engem Kontakt zur Zellmembran. Es dient als Speicher für Ca^{2+}-Ionen, die durch aktiven Transport aus dem Zellinneren in das Membransystem befördert werden.
- Wird eine Muskelzelle über eine motorische Endplatte (Synapse) eines Nervs erregt, breitet sich die Erregung über die ganze Zellmembran aus.
- Als Folge wird das sarkoplasmatische Reticulum für Ca^{2+}-Ionen durchlässig. Sie strömen schlagartig in das Cytoplasma der Zelle ein und dadurch wird die Muskelkontraktion in Gang gesetzt.
- Durch aktiven Transport werden die Ca^{2+}-Ionen nach Abklingen der Erregung sofort wieder in das sarkoplasmatische Reticulum zurück befördert.

3.5 Hormone

Hormone sind chemische Signalstoffe, die von den Bildungsorten ins Blut oder in die Zwischenzellflüssigkeiten abgegeben werden und in kleinsten Mengen wirken.

Funktionen der Hormone

- Sie sichern die Koordination von Körperfunktionen,
- sie beeinflussen den Stoffwechsel und den Energiehaushalt,
- sie fördern/hemmen das Wachstum und die Entwicklung,
- sie beeinflussen die Homöostase (d.h. die Aufrechterhaltung des physiologischen Gleichgewichts),
- sie beeinflussen das Verhalten.

Hormone bei niederen Tieren

Besonders gut untersucht ist das Hormonsystem der Insekten. Für die Häutung und Entwicklung dieser Tiere sind drei Hormone verantwortlich:

- **Ecdyson:** löst die Häutung aus und führt zur Ausbildung der adulten Merkmale (Entwicklung der Raupe zum Schmetterling).
- **Prothoracotropes Hormon (PTTH):** kontrolliert die Synthese von Ecdyson.
- **Juvenil-Hormon (JH):** bewirkt die Beibehaltung von Larvenstadien.

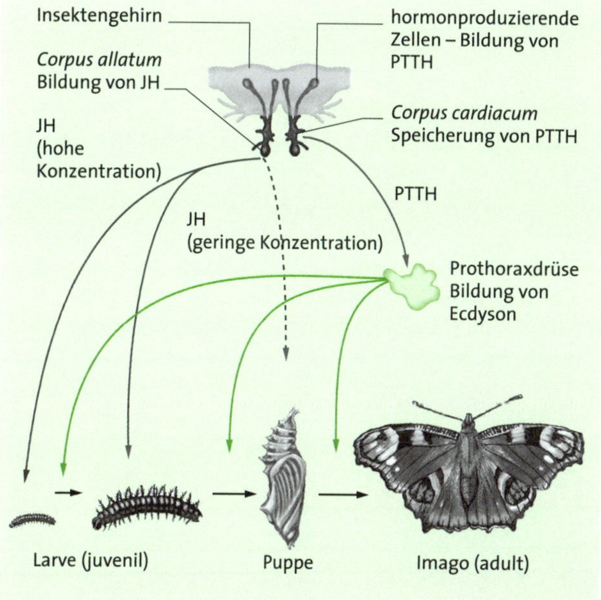

Das Hormonsystem der Wirbeltiere und des Menschen

▶ Bestandteile des endokrinen Systems

Das **endokrine System** umfasst alle Hormone und die sie produzierenden Zellen, Gewebe und Hormondrüsen.

Die Einteilung der Hormone erfolgt nach
- ihrem **Bildungsort**: Drüsenhormone und Gewebshormone,
- den **chemischen Eigenschaften**: lipophile Hormone (z. B. Steroidhormone) und hydrophile Hormone (z. B. Peptidhormone oder bestimmte Aminosäuren),
- dem **Wirkmechanismus**: effektorische Hormone wirken direkt auf die Erfolgsorgane, glandotrope Hormone beeinflussen die Hormonproduktion peripherer Körperdrüsen.

Wirkmechanismen der Hormone

Lipophile Hormone diffundieren durch die Zellmembran und binden an Rezeptoren im Cytoplasma. Diese treten in Wechselwirkung mit der DNA im Zellkern und lösen so die Zellantwort aus.

Hydrophile Hormone binden an Rezeptoren, die entweder
- als Enzyme (z. B. Proteinkinase) wirken
- mit Ionenkanälen in Verbindung stehen und diese öffnen oder schließen oder
- über second messenger (G-Protein, cAMP) eine Signalkette auslösen

und dadurch die Zellantwort bewirken.

Steuerung des endokrinen Systems

Durch Abgabe der vom Hypothalamus gebildeten Releasing-Hormone wird die Ausschüttung von Hypophysenhormonen stimuliert. Diese regen ihrerseits die Hormondrüsen des Körpers zur Hormonproduktion an. Außerdem werden im Hypothalamus Neurohormone gebildet, die über den Hypophysenhinterlappen als Speicher direkt auf die Zielorgane wirken.

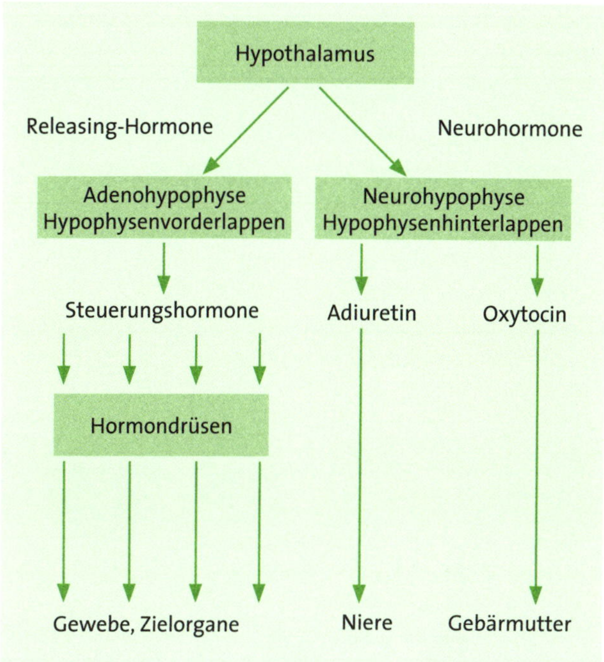

Im Unterschied zum Nervensystem, von dem schnelle, lokal meist eng begrenzte und nur kurzzeitig anhaltende Wirkungen ausgehen, wirkt das Hormonsystem langsamer, lokal weniger begrenzt und länger anhaltend. Zwischen beiden Steuerungssystemen bestehen enge strukturelle, funktionelle und chemische Beziehungen. Hormone sind teilweise auch Signalstoffe im Nervensystem (Neurotransmitter, z.B. Serotonin).

Hormonsystem und Nervensystem sind **Koordinationssysteme**, die die Leistungen und das Verhalten des Organismus beeinflussen und dabei zusammenarbeiten.

Bei Tieren und beim Menschen findet diese Zusammenarbeit auf drei Ebenen statt:

- **Strukturelle Ebene**: Es gibt eine enge Verknüpfung von Hormondrüsen und Nervengewebe (z. B. Hypothalamus und Hypophyse).
- **Chemische Ebene**: Hormone wirken auch als Signalstoffe auf das Nervensystem (z. B. Adrenalin).
- **Funktionelle Ebene**: Neuronale und hormonelle Kontrollmechanismen wirken zusammen (z. B. bei der Kontrolle der Schilddrüsenfunktion).

Neuronale und hormonelle Kontrolle der Schilddrüsenfunktion und damit des Energiestoffwechsels

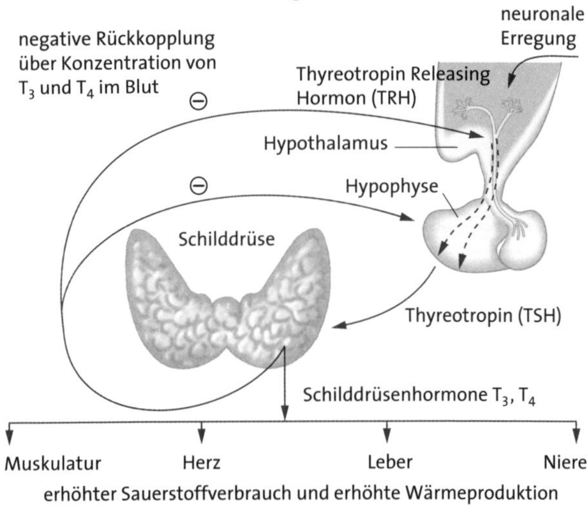

Phytohormone

Phytohormone sind die Hormone der Pflanzen. Sie beeinflussen Wachstum und Entwicklung, indem sie auf Teilung, Streckung und Differenzierung von Zellen wirken.

Phytohormon	Bildungsort	Hauptfunktion
Auxin	Embryo im Samen, Apikalmeristeme	stimuliert Differenzierung, Streckungswachstum, Verzweigung und Fruchtentwicklung
Cytokinine	Wurzel	stimulieren v. a. Zellteilungswachstum, Keimung und Blüte
Gibberelline	Apikalmeristeme und Wurzeln, junge Blätter, Embryo	fördern Samenkeimung, Austreiben der Knospen, Sprossstreckung, Blattwachstum; Blüten- und Fruchtentwicklung; beeinflussen Wurzelwachstum und Differenzierung
Abscisinsäure	Blätter, Stängel, grüne Früchte, Samen	hemmt Wachstum, fördert Blattfall, schließt bei Wasserstress die Spaltöffnungen
Ethen (Ethylen)	reifende Früchte, alternde Gewebe	fördert die Reifeprozesse (z. B. Fruchtreife)
Jasmonate	verletzte Gewebe	lösen Abwehrreaktionen aus
Brassinosteroide	in Plastiden	regulieren Entwicklungsvorgänge

4 Fortpflanzung und Entwicklung

Wichtige Information

Ungeschlechtliche Fortpflanzung	
Einzeller	
Äquale Teilung	bei *Euglena* (Augengeißler)
Zellsprossung	bei Hefen
Multiple Teilung	beim Malariaerreger *Plasmodium*
Vielzeller	
Fragmentierung bzw. Teilung (Dividuenbildung)	Abtrennung von Thallusstücken (z. B. Flechten) Abtrennung von Rhizomstücken (z. B. Schwertlilie)
Brutkörperbildung	bei Moosen

Geschlechtliche Fortpflanzung	
Bildung von Keimzellen (Gameten, Meiosporen) in Gonitocysten	Sporen sind ohne, Gameten nur nach Sexualvorgang entwicklungsfähig.
Verschiedene Formen von Gameten bei Einzellern	Isogamie (z. B. viele einzellige Algen) Anisogamie (verschiedene einzellige Algen) Oogamie (Tiere, Pflanzen)

4.1 Fortpflanzung und Vermehrung

Prokaryota

Bakterien und Archaea können sich durch Zweiteilung und durch multiple Zellteilung fortpflanzen. Nachdem die DNA verdoppelt wurde, sind die Kopien zunächst an benachbarte Membranstellen gebunden. Die Membran zwischen den Anheftungsstellen wächst, wodurch die DNA-Moleküle weiter auseinanderrücken. Wenn die Bakterienzelle etwa das Doppelte ihrer Ausgangsgröße erreicht hat, teilt sie sich.

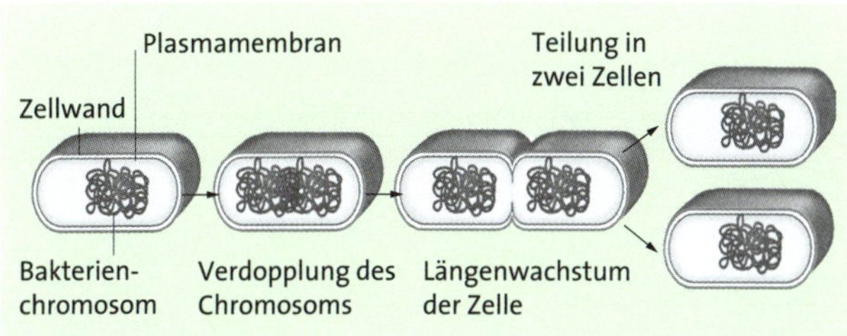

Teilung einer Bakterienzelle

Rekombination von Erbinformationen bei Prokaryoten:

- **Transformation**: Prokaryoten nehmen DNA aus der Umgebung auf.

- **Transduktion**: Über Bakterienviren (Bakteriophagen) werden Nucleinsäureabschnitte von einer Bakterienzelle auf eine andere übertragen.

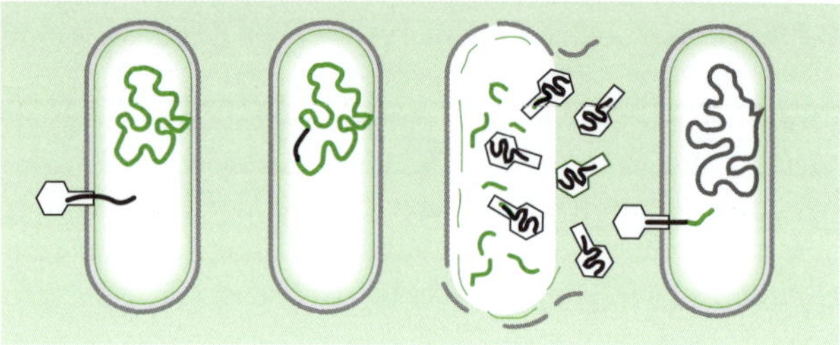

- **Konjugation**: Übertragung von genetischem Material direkt von einer Bakterienzelle auf eine andere (horizontaler Gentransfer); auch zwischen verschiedenen Bakterienarten möglich

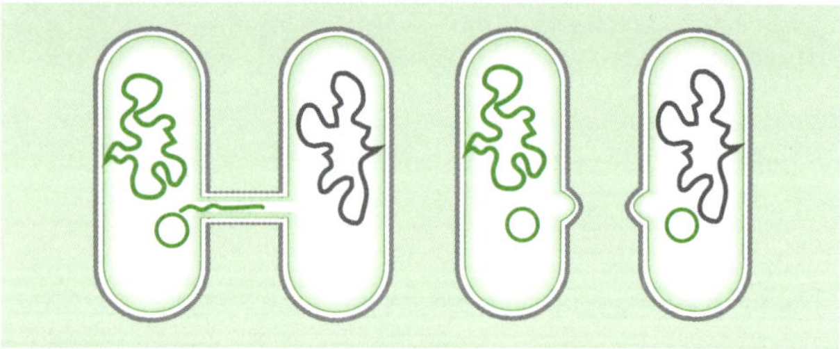

Protisten

Ungeschlechtliche Fortpflanzung

- **Zweiteilung** oder multiple Zellteilung: bei Einzellern
- **Fragmentation:** verbreitet bei vielzelligen Algen.

Geschlechtliche Fortpflanzung

- **Befruchtung:** Zwei Zellen mit haploiden Kernen verschmelzen zur diploiden Zygote. Im Laufe der weiteren Entwicklung wird der Chromosomensatz durch eine **Reduktionsteilung (Meiose),** die aus zwei Teilungen besteht, wieder haploid. Während der Prophase der 1. meiotischen Teilung kommt es zum Chromatiden-Stückaustausch (Crossing over) zwischen homologen Chromosomen und damit zur Neukombination des elterlichen Erbgutes. Bei der 1. meiotischen Teilung werden die homologen Chromosomen getrennt und auf zwei Tochterkerne verteilt. Die 2. meiotische Teilung entspricht einer Mitose, nur dass es vorher nicht zur DNA-Verdoppelung kommt, da jedes Chromosom schon aus zwei Chromatiden besteht (↑ S. 14).

Pilze

Ungeschlechtliche Fortpflanzung

- **Fragmentation:** Entstehung unabhängiger Tochtermycelien durch Absterben alter Mycelteile
- **Sporen:** Pilze können sich auch durch asexuell entstandene Sporen vermehren.

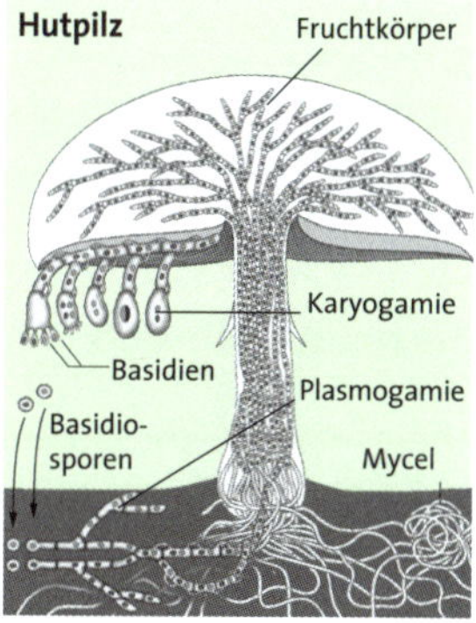

Geschlechtliche Fortpflanzung

- **Flagellenpilze (Chytridiomycota):** Nur bei dieser Gruppe der Pilze gibt es begeißelte, freie Gameten.
- **Jochpilze (Zygomycota** und **Schlauchpilze (Ascomycota):** Ganze Gametocysten verschmelzen zu einer sog. Sammelzygote.

- **Ständerpilze (Basidiomycota):** Verschmelzung von kaum differenzierten Hyphen, also somatischen Zellen (Somatogamie). Daraus entsteht ein Paarkernmycel, von dem immer wieder Fruchtkörper und Meiosporen (Basidiosporen, durch Reduktionsteilung entstanden) gebildet werden.

Pflanzen

Ungeschlechtliche Fortpflanzung

Abschnürung von Brutkörpern (Moose), Bildung von Brutknospen (z. B. beim Brutblatt), ober- und unterirdische Ausläufer, Wurzelschösslinge, Brutzwiebeln, Fragmentation.

Geschlechtliche Fortpflanzung

- Sie ist bei allen Pflanzen an **Generations- und Kernphasenwechsel** gebunden und stark von Außenfaktoren beeinflusst und von Phytohormonen gesteuert. Aus den Zygoten entstehen diploide Sporophyten, die nach Meiose haploide Sporen bilden. Aus diesen entstehen haploide Gametophyten, die mitotisch Gameten bilden.
- **Moose:** Gametophyt dominiert als größere Generation.
- **Farne:** Sporophyt ist viel größer als Gametophyt.
- **Samenpflanzen:** ♀ Gametophyt bleibt in der Samenanlage eingeschlossen; ♂ Gamatophyt entwickelt sich im Pollenkorn.

Tiere und Mensch

Ungeschlechtliche Fortpflanzung

Ungeschlechtliche Fortpflanzung ist weitgehend auf Tiergruppen beschränkt, die entweder ein hohes Regenerationsvermögen haben oder bei denen sich aus wenig differenziertem

Zellmaterial neue Individuen bilden. Sie kommt als Teilung, Knospung oder Bildung von undifferenzierten Dauerstadien vor.

- **Brutknospen** bilden sich z. B. bei Schwämmen. Sie sind von einer festen Hülle umgeben.
- **Knospenbildung** ist häufig bei Hohltieren (Süßwasserpolyp, Korallen).
- **Teilung** kommt vor bei Polypen, Strudelwürmern und Ringelwürmern. Bei einigen Bandwürmern teilen sich die Larvenstadien.
- **Polyembryonie** findet sich bei verschiedenen Tiergruppen. Bei parasitären Schlupfwespen (Erdwespen) teilt sich der Embryo in viele Furchungskugeln auf (bis über 1000 Embryonen aus einem Ei). Beim Gürteltier entwickeln sich je nach Art vier bis zwölf Embryonen aus einer befruchteten Eizelle. Beim Menschen können eineiige Zwillinge durch Teilung früher Entwicklungsstadien entstehen.

Durch ungeschlechtliche Vermehrung kann ein **Klon** entstehen, d. h. eine Population erbgleicher Individuen. Die künstliche Herstellung eines Klons wird als **Klonen** bezeichnet.

Geschlechtliche Fortpflanzung

Die geschlechtliche Fortpflanzung durch Befruchtung, bei der sich die Keimzellen miteinander vereinigen und die beiden Kerne miteinander verschmelzen, ist bei Tieren die Regel.

Eizelle

Die im Vergleich zu männlichen Keimzellen sehr großen weiblichen Keimzellen (Eizellen) enthalten Nährstoffe (Dotter) für die erste Entwicklung des Keimlings. Die Eizellen sind aufgrund der ungleichen Verteilung des Dotters mehr oder weniger polar strukturiert. Sie werden meist von sehr verschieden gestalteten Hüllen geschützt. Man unterscheidet zwischen **primärer Ei-**

hülle (Dotterhaut), **sekundären Eihüllen** (von den Follikelzellen des Eierstocks abgesondert) und **tertiären Eihüllen** (von den Ausführgängen der Geschlechtsorgane dem Ei angelagert, z. B. Kalkschale der Vogel- und Reptilieneier).

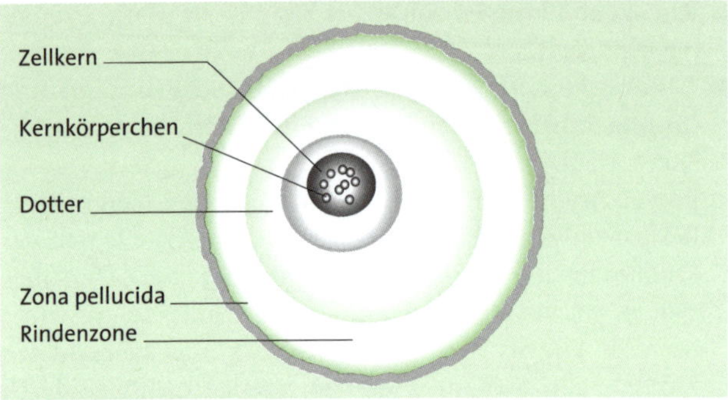

Spermium

Die männlichen Keimzellen (Spermium oder Samenzelle) sind meist sehr klein, begeißelt und haben nur geringe Energievorräte. Daher ist ihre Bewegungsfähigkeit auf Stunden bis maximal wenige Tage beschränkt. Das Spermium ist in Kopf, Mittelstück und Schwanz gegliedert. Am vorderen Ende des Kopfes sitzt das **Akrosom**, das die Eihülle auflösende Enzyme enthält, und so das Eindringen in die Eizelle ermöglicht.

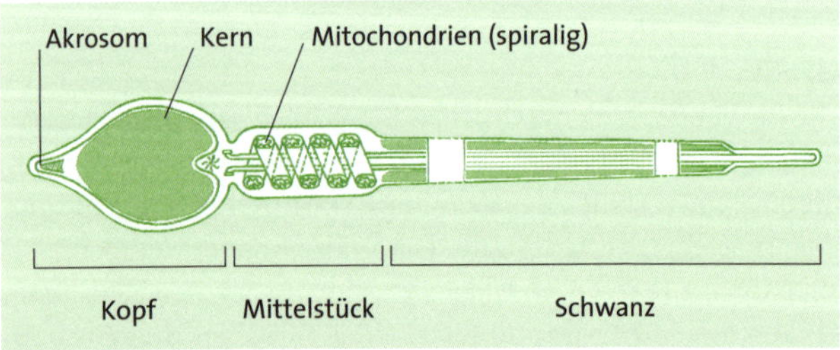

4.2 Wachstum und Entwicklung

Protisten und Pilze

Protisten

Vielzellige Protisten (Algen und Niedere Pilze) bestehen häufig aus Zellfäden, die sich auch zu kompakteren Strukturen zusammenlagern können. Bei manchen Algen findet sich auch die Bildung echter Gewebe, bei denen die Zellen von ihrer Entstehung an zu flächigen oder räumlichen Körpern verbunden bleiben. Bei Schleimpilzen kommt es zur Aggregation von einzelnen Zellen, die entweder zelluläre Verbände oder, unter Auflösung der Zellwände, **Plasmodien** (große, vielkernige Kongregationen) bilden können.

Pilze

Viele Pilze bilden besondere „Fruchtkörper" (besser Sporenkörper), auf denen sich die Meiosporen (durch eine meiotische Teilung gebildete Sporen) entwickeln.

Pflanzen

Samenpflanzen

Die Gametophyten-Generation ist unselbstständig und tritt als eigene Pflanze nicht in Erscheinung. Sie bleibt immer in die Megaspore und das Megasporangium eingeschlossen.

Entwicklung

- Nach der Befruchtung erfolgt die Querteilung der Zygote. Die untere Zelle (Basalzelle) wird zum Embryoträger, die obere Zelle (Apikalzelle) zum Embryo.
- Der Embryo differenziert sich in Keimwurzel, Keimspross und Keimblätter.

- Die pflanzlichen Strukturen entstehen aus Bildungsgeweben (Meristemen) der Spross- und Wurzelspitze, die Blattanlagen z. B. als seitliche Auswüchse des Sprossmeristems. Unterhalb der Sprossspitze findet die Differenzierung in Rindengewebe, Leit- und Festigungsgewebe und das Mark statt. Zwischen Rinde und Mark bleibt bei vielen Pflanzen eine Schicht teilungsfähiger Zellen erhalten, die für das sekundäre Dickenwachstum verantwortlich ist (Kambium).

Tiere und Mensch

Die **Embryonalentwicklung** umfasst die Entwicklung der Eizelle bis zum Schlüpfen oder zur Geburt des Jungtieres bzw. des Säuglings. Sie kann in vier Abschnitte eingeteilt werden: Furchung, Gastrulation, Ausbildung der Primitivorgane (Nervensystem, Darm, Leibeshöhle) und Organentwicklung.
Die einzelnen Phasen können, abhängig von der inneren Strukturierung der Eizelle, ganz unterschiedlich ablaufen.
Die Anlage von Organen und Organsystemen erfolgt oft in Segmenten. Die daraus resultierende Segmentierung des Körpers wird als **Metamerie** bezeichnet.

Furchung

Die ersten mitotischen Teilungen des befruchteten Eies (Zygote) bis zur Ausbildung des Blasenkeims werden als Furchung bezeichnet. In dotterarmen Eiern liegt bei gleichmäßiger Dotterverteilung immer eine äquale Furchung vor, d. h. es entstehen gleich große Zellen **(Blastomere).** Bei dotterreichen Eiern können je nach Dotterverteilung unterschiedliche Furchungstypen vorliegen.

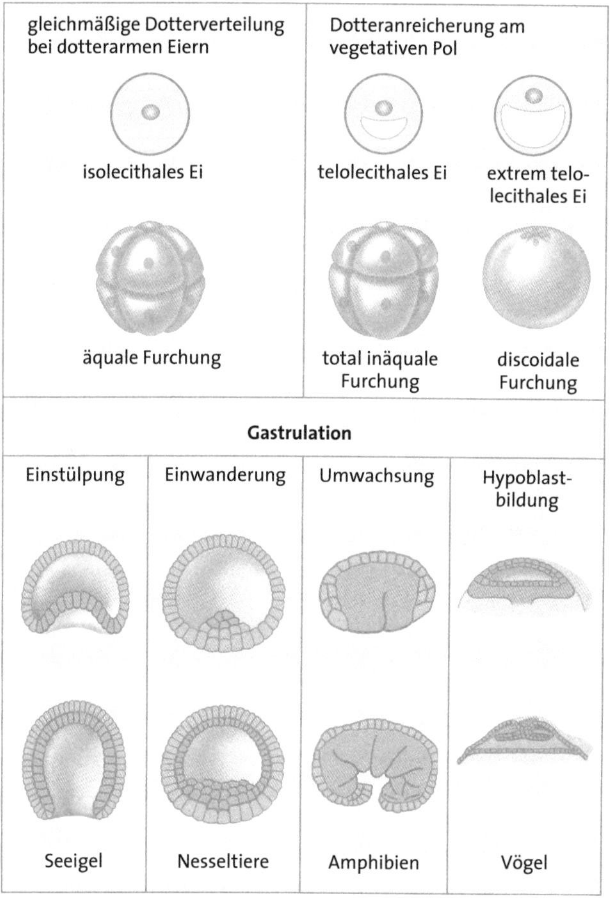

Gastrulation

Im Zuge der Gastrulation werden die Keimblätter (Ektoderm, Entoderm und Mesoderm) ausgebildet. Ihr Ablauf ist abhängig vom Furchungstyp.

Ausbildung der Primitivorgane am Beispiel der Wirbeltiere
Neurulation und Mesodermentwicklung bei Amphibien

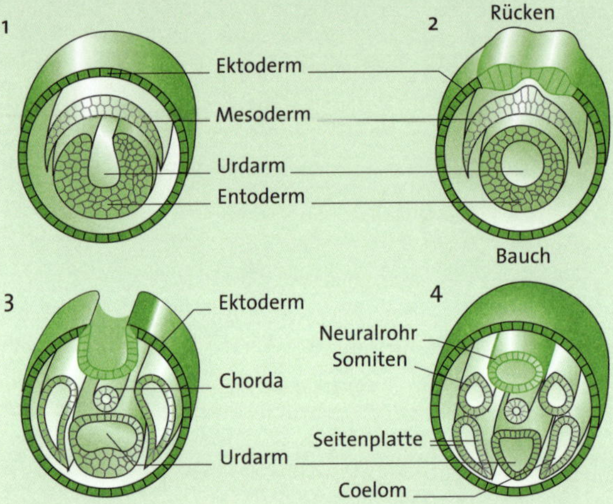

1 Mesodermbildung, 2 Ausbildung der Neuralplatte, 3 Einsenkung des Neuralrohrs, 4 Ausbildung der Somiten aus dem Mesoderm

Durch Einsenkung des Ektoderms entsteht das Neuralrohr, das Entoderm bildet den Urdarm und aus dem Mesoderm entstehen Chorda dorsalis, Ursegmente (Somiten) und **sekundäre Leibeshöhle (Coelom).** Nach Abschluss der Neurulation zeigt der Embryo eine Gliederung in Kopf, Rumpf und Schwanz.

Organbildung bei Wirbeltieren

Übersicht über die Organbildungen aus den drei Keimblättern:

- **Ektoderm:** Oberhaut mit Drüsen und Anhangsgebilden (z. B. Nägel), Anfang und Ende des Darmkanals mit Drüsen, Nervensystem mit Sinneszellen, Außenskelett.
- **Entoderm:** Mitteldarmepithel mit Drüsen, Leber, Bauchspeicheldrüse, Schwimmblase, Lungen, Kiemen, Schilddrüse.

- **Mesoderm:** Innenskelett, Chorda, Muskeln, Bindegewebe, Blutgefäßsystem, Lymphsystem, Ausscheidungs- und Geschlechtsorgane.

Steuerung der Entwicklung durch Homöobox-Gene

- Diese Gene besitzen bei allen Eukaryoten einen Bereich mit ähnlicher Basensequenz, der **Homöobox** genannt wird.
- Sie codieren DNA-bindende Proteine, die als **Transkriptionsfaktoren** wirken und jeweils einem bestimmten Wirkungsbereich im Körper zugeordnet sind.
- Die Transkriptionsfaktoren aktivieren in bestimmten Entwicklungsstadien weitere Gene und steuern dadurch die Ausbildung von Körpersegmenten und Organen.
- Mutationen an diesen Genen können dazu führen, dass Organe am falschen Ort ausgebildet werden: z. B. bei der Fruchtfliege statt der Antennen Beine oder bei Blütenpflanzen Blüten mit Kronblättern anstelle von Staubgefäßen.

Postembryonale Entwicklung

Außerhalb der Eihüllen bzw. des Muttertieres unterscheidet man:

- **direkte Entwicklung:** Das Jungtier gleicht den Elterntieren, im Verlauf der Entwicklung ändern sich nur noch die Körperproportionen.
- **indirekte Entwicklung:** Aus dem Ei schlüpft eine Larve als Jugendstadium. Sie gleicht den Elterntieren wenig oder gar nicht und hat z. T. eigene Larvalorgane (z. B. Kiemen bei Amphibien). Die Umwandlung der Larve zum geschlechtsreifen Tier wird **Metamorphose** genannt. Sie kann allmählich (Amphibien) oder sprunghaft erfolgen. Im zweiten Fall werden große Teile des Larvenkörpers zurückgebildet . Dieser Umbau erfolgt häufig in einem zur Nahrungsaufnahme unfähigen, unbeweglichen Puppenstadium (Raupe-Puppe-Schmetterling).

Viele Paare hätten gerne Kinder, können aber auf normalem Wege keine Kinder bekommen. Die Reproduktionsmedizin hat verschiedene Verfahren entwickelt, um diese unerwünschte Unfruchtbarkeit zu umgehen.

Insemination

Indikation: Wenn das Ejakulat zu wenige oder wenig bewegliche Spermien enthält oder eine normale Befruchtung aus sonstigen Gründen nicht möglich ist.

Verfahren: Die Spermienflüssigkeit wird nach Aufbereitung mit einem Katheter in die Eileiter oder zum Zeitpunkt des Eisprungs in die Gebärmutter eingebracht.

In-vitro-Fertilisation (IVF)

Indikation: Wenn die Eileiter der Frau verschlossen sind oder ganz fehlen:

Verfahren:

1. Zuerst werden die Follikel in den Eierstöcken durch die Einnahme hoher Hormondosen stimuliert, wodurch bis zu zehn Eizellen im weiblichen Eierstock heranreifen (**Superovulation**).
2. Die reifen Eizellen werden dem Eierstock durch eine **Laparoskopie** (Bauchspiegelung) oder unter **Ultraschallsicht** entnommen.
3. Die Eizellen werden anschließend außerhalb des Körpers **in vitro** (lat. „im Glas") mit einigen Tropfen Spermienflüssigkeit zusammengebracht und so befruchtet. Nach 60 Stunden haben die Embryonen das Achtzell-Stadium erreicht. Ein bis drei Embryonen werden in die Gebärmutter eingebracht (**Embryonentransfer**).

Erfolgsquote: Die Wahrscheinlichkeit, dass sich ein Embryo in die Gebärmutterschleimhaut einnistet und es zu der gewünschten Schwangerschaft kommt, hängt vom Alter der Frau ab.

- Bis zum 31. Lebensjahr beträgt die Erfolgschance 40 %;
- bis zum 36. Lebensjahr sinkt sie kontinuierlich auf 20 % ab.

Bei jüngeren Frauen sind Mehrlingsschwangerschaften nach einer IVF nicht selten.

Gesetzliche Bestimmungen

In Deutschland dürfen nach dem **Embryonenschutzgesetz** (1990) höchstens drei Embryonen gleichzeitig eingesetzt werden. Die restlichen Embryonen können eingefroren (**kryokonserviert**) und bei einem erneuten Versuch verwendet werden.

Intracytoplasmatische Spermainjektion (ICSI), auch Mikroinsemination

Indikation: Wenn die Spermien sehr unbeweglich bzw. stark fehlgebildet sind oder ihre Zahl sehr gering ist. In diesen Fällen sind die Spermien nicht in der Lage, die *Zona pellucida*, eine die Eizelle umgebende Eihülle, zu durchdringen.

Verfahren: Die Vorgehensweise ist zunächst dieselbe wie bei der IVF, doch wird bei der ICSI ein einzelnes Spermium mit einer sehr feinen Kanüle in die Eizelle eingebracht. Die Eihülle und die darunter liegende Zellmembran werden dabei durchstochen, beide schließen sich aber nach dem Entfernen der Kanüle sofort wieder. Die so entstehenden Embryonen teilen sich normal.

Erfolgsquote: Sie entspricht ungefähr derjenigen der IVF.

5 Genetik und Immunbiologie

Wichtige Informationen

Nucleinsäuren, die Träger der Erbinformation	
Nucleinsäuren sind Makromoleküle mit relativen Molekülmassen von 10^4 bis 10^6 und mehr.	Man unterscheidet Desoxyribonucleinsäure (**DNA**) und Ribonucleinsäure (**RNA**).
Die Bausteine der Nucleinsäuren sind **Nucleotide**, die durch kovalente Phosphorsäurediesterbindungen verbunden sind.	Ein Nucleotid besteht aus Zucker, Phosphorsäure und Pyrimidin- bzw. Purinbase, genau genommen den durch Wasserabspaltung verbundenen Resten dieser Moleküle
In den Nucleotiden der DNA ist der Zucker **Desoxyribose** und in der RNA **Ribose**.	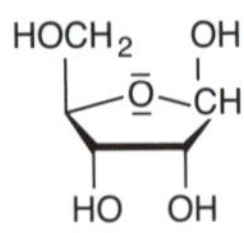 Ribose 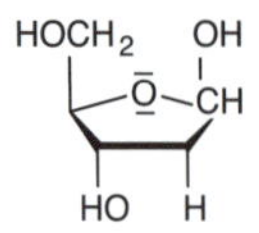 2-Desoxy-Ribose
Purinbasen sind **Adenin** und **Guanin**, Pyrimidinbasen sind **Cytosin** und **Thymin** (DNA) bzw. **Uracil** (RNA).	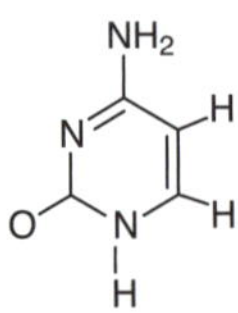 Cytosin (C) 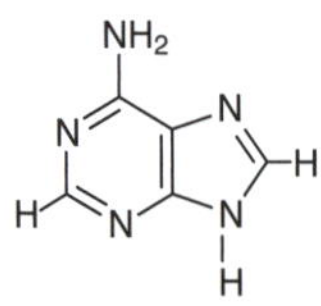 Adenin (A)
Die DNA liegt immer als Doppelhelix vor, die RNA meist als Einzelstrang oder in sich gefaltetes Molekül.	

5.1 Molekulare Grundlagen der Vererbung

Identische Replikation

Die Weitergabe der genetischen Information bei der Kernteilung und vom Zellkern in das Cytoplasma beruht auf der Fähigkeit der Nucleinsäuremoleküle, sich identisch zu replizieren.

Ablauf der Replikation

In Bakterien werden etwa 500 bis 1000 Nucleotide pro Sekunde synthetisiert. Die Replikation beginnt an einem Replikationsursprung und dauert nur einige Minuten.

Bei Eukaryoten werden etwa 30 bis 50 Nucleotide pro Sekunde synthetisiert. Die Replikation startet an Hunderten bis Tausenden Ursprüngen gleichzeitig und dauert bis zu einigen Stunden.

Der Doppelstrang öffnet sich und es entsteht eine sog. Replikationsgabel (Replikationsblase), an der sich die Replikationsenzyme anlagern.

Die DNA-Replikation verläuft in allen Organismen prinzipiell gleich und kann in drei Hauptphasen unterteilt werden:

Initiation

- Anlagerung von **Initiationsproteinen**
- Entspiralisierung durch **Topoisomerasen**
- Öffnung des DNA-Doppelstrangs durch **Helicasen**
- Anlagerung von Proteinen zur Stabilisierung der Einzelstrangabschnitte und von **Replikationsenzymen.**

Elongation

- Beginn der Replikation mit einem sechs bis 30 Nucleotide langen **Primer** aus RNA vom 3' zum 5'-Ende des Matrizenstrangs und schrittweise Verlängerung der neuen DNA.
- Am **Leitstrang** wird durch die DNA-Polymerase kontinuierlich ein neuer Strang synthetisiert, am **Folgestrang** wird die neue DNA entgegen der Öffnungsrichtung in kleinen Stücken, den **Okazaki-Fragmenten**, synthetisiert.

Termination

- Beenden der Replikation und Trennung der neu entstandenen Tochterstränge.

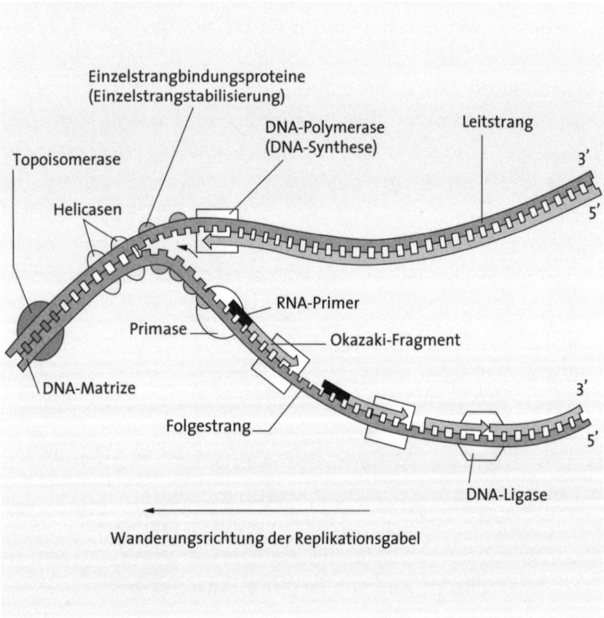

Schematische Darstellung der Vorgänge an der Replikationsgabel

Genexpression

Bei der Genexpression wird die in einem Gen enthaltene Information in der Zelle verwirklicht. Dazu muss die genetische Information der DNA zuerst in RNA überführt und anschließend als Protein realisiert werden.

Ein-Gen-ein-Polypeptid-Hypothese

Ein Gen ist eine Funktionseinheit der DNA, die mit ihrer Basensequenz für ein Polypeptid oder Protein codiert.

Jeweils ein oder mehrere **Basentripletts** codieren für eine Aminosäure. Außerdem gibt es Gene für die verschiedenen funktionellen RNAs (t-RNA, rRNA, snRNA). Der Informationsgehalt eines Gens wird in Kilobasen (kb = 1 000 Basen) angegeben. Bei Eukaryoten ist der größte Teil der DNA nicht codierend. Teile dieser nicht codierenden DNA spielen jedoch bei der Genregulation eine Rolle.

Proteinsynthese

Transkription: Die im Gen enthaltene Information wird in eine RNA übersetzt. Diese RNA wird **messenger-RNA** (mRNA, Boten-RNS) genannt.

Processing: Bei Eukaryoten wird die zunächst gebildete Vorläufer-mRNA durch Herausschneiden **(spleißen)** bestimmter Abschnitte **(Introns)** verändert, sodass nur die translationsfähigen Abschnitte **(Exons)** übrigbleiben. Eine mögliche biologische Funktion des mRNA-Spleißens und der Introns ist, dass von einem Gen mehr als ein Typ von Polypeptid hergestellt werden kann. Man kennt Gene, bei denen beim Spleißen unterschiedliche Abschnitte als Exon behandelt werden (**alternatives RNA-Spleißen**).

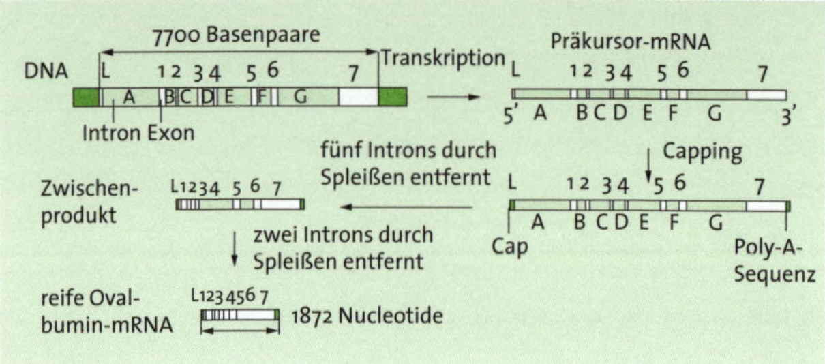

Translation: Die Information der mRNA wird an den **Ribosomen** in eine Aminosäuresequenz übersetzt und so das Protein aufgebaut. Die kleinen RNA-Moleküle, die mit einer Aminosäure beladen die Proteinsynthese an den Ribosomen bewerkstelligen, werden **transfer-RNA** (tRNA, Überträger-RNS) genannt. Das **Anticodon** ist das Nucleotidtriplett, das sich jeweils zu einem Basentriplett der mRNA, dem **Codon**, komplementär verhält.

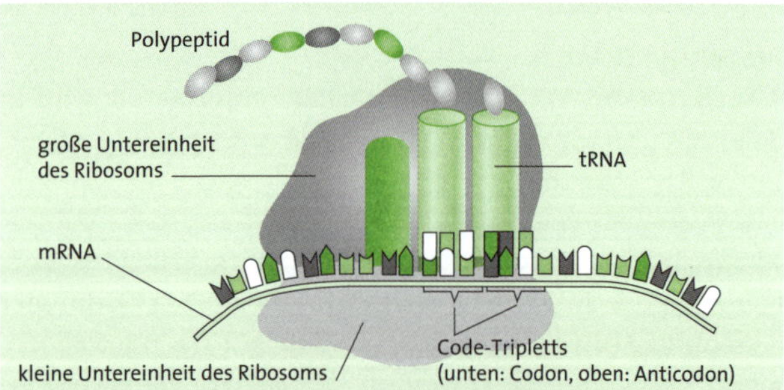

Regulation der Genaktivität

Unter den **Strukturgenen** können folgende Gentypen unterschieden werden:

- Konstitutive Gene, die verantwortlich sind für den Grundstoffwechsel und ständig exprimiert werden.
- Gene für spezielle Aufgaben, die nur unter bestimmten Umständen exprimiert werden.

Proteine, welche die Aktivität von Genen regulieren, werden von **Kontrollgenen** codiert. Die Regulation kann vorübergehend oder langfristig wirken:

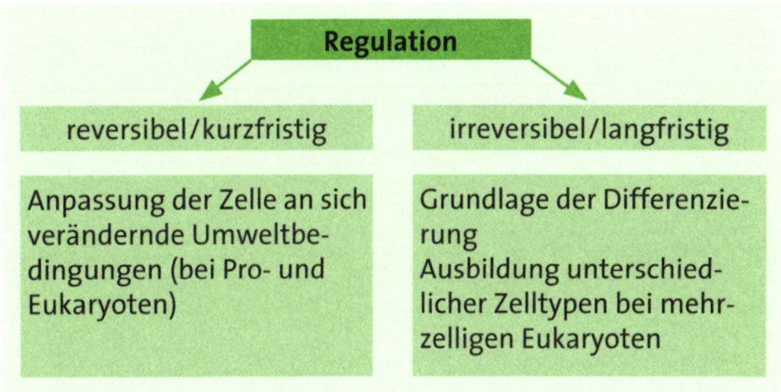

Die Regulationsprozesse können auf verschiedenen Ebenen im Verlauf der Genexpression ansetzen:
- **Ebene 1:** Transkriptionskontrolle am Zellkern sowie die biologische Halbwertszeit der mRNA
- **Ebene 2:** Geschwindigkeit des Processing der Vorläufer-mRNA und Abbau der translationsfähigen mRNA
- **Ebene 3:** Geschwindigkeit der Peptidsynthese (Translation) an den Ribosomen
- **Ebene 4:** Umwandlung der Polypeptide zu funktionsfähigen Proteinmolekülen

Für die Genregulation bei Prokaryoten liefert das von J. Monod und F. Jacob entwickelte **Operon-Modell** eine gute Erklärung. Hiernach wird die Genaktivität über vorhandene Substrate

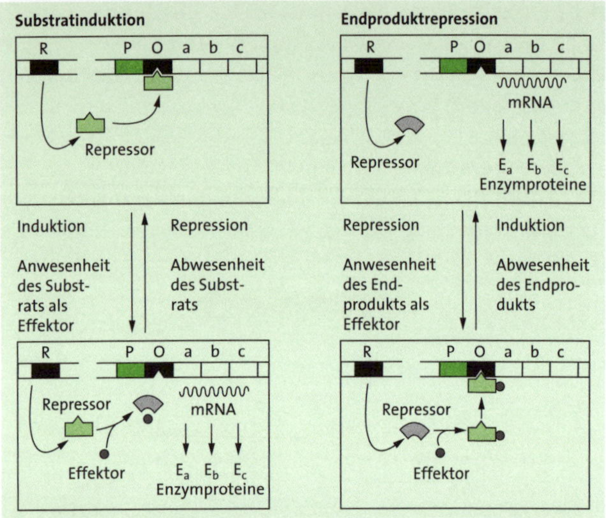

(Substratinduktion) oder gebildete Endprodukte (Endproduktrepression) reguliert. Dabei sind mehrere **Strukturgene** für einen bestimmten Stoffwechselweg zusammen mit regulatorischen Elementen **(Promotor, Operator)** in einer funktionellen Einheit, dem **Operon** zusammengefasst. Dieses ist funktionell mit einem **Regulatorgen** verknüpft, welches ein Protein **(Repressor)** codiert, das den Zustand des Operators kontrolliert.

Die Genregulation der Eukaryoten ist komplexer. Kurzfristige Änderungen können durch Bildung regulatorischer Proteine (z. B. Hormone) ausgelöst werden. Ein Beispiel ist die Insektenentwicklung (↑S. 69). Das Häutungshormon Ecdyson wandert an ein Rezeptormolekül gebunden vom Cytoplasma in den Zellkern und bindet dort an die Chromosomen. Wenig später setzt an diesen Stellen die Transkription ein. Ähnliche Vorgänge sind auch für andere Tiergruppen nachgewiesen.

Mutationen

Mutationen sind Veränderungen der genetischen Information. Mutationen der Körperzellen werden nicht an die nächste Generation weitergegeben; Mutationen der Keimzellen werden vererbt und kommen erst bei den Nachkommen zur Ausprägung.

Mutanten sind Individuen, die sich vom üblichen Phänotyp der Art durch abweichende, auf Mutationen zurückzuführende Merkmale unterscheiden. Sie können auf Veränderungen ganzer Chromosomensätze, einzelner Chromosomen oder der DNA selbst (Genmutationen) zurückgehen.

ÜBERBLICK: Mutationen

Ursachen von Mutationen:

- Replikationsfehler (vorwiegend Genmutationen, Basensubstitution, Leserasterfehler durch Einfügen, Entfernen oder Verdoppeln von Nucleotiden)
- Fehler bei der **Chromosomenverteilung** während der **Mitose** (Chromosomenmutationen durch Veränderung an einzelnen Chromosomen sowie Genommutation)
- Fehler bei der **Chromosomenverteilung** während der **Meiose** (Chromosomenmutationen durch falsches Crossing over und Genommutationen)
- **Mutagene**, d.h. chemische Substanzen (z.B. Aflatoxine, Dioxin, Nitrit, Nitrosamine) oder physikalische Faktoren (z.B. Röntgenstrahlung, radioaktive Strahlung, UV-Strahlung), die Mutationen auslösen können.

5

Beim Replikationsablauf sorgen bestimmte Reparaturmechanismen dafür, dass die Rate der Genmutationen nicht zu hoch wird.

Formen der Mutation

Genommutationen (numerische Chromosomenaberrationen) sind Veränderungen der Anzahl der Chromosomen im Vergleich zum natürlichen Chromosomenbestand.

- **Euploidie**: Abweichung ganzer Chromosomensätze, Polyploidie,
- **Aneuploidie**: Abweichung der Anzahl einzelner Chromosomen (z. B. Trisomie 21 = Down-Syndrom).

Chromosomenmutationen (strukturelle Chromosomenaberrationen) sind Strukturveränderungen an Chromosomen, die über die Grenze eines einzelnen Gens hinausgehen. Sie entstehen durch Crossing-over an falschen Abschnitten der Chromosomen. Sie führen zu Verlust, Austausch oder Verdopplung eines Chromosomenstücks und verändern dadurch die Reihenfolge, Anzahl oder die Art der Gene auf einem Chromosom. Man unterscheidet:

- **Duplikation**: Verdopplung eines Chromosomenabschnitts,
- **Deletion**: Verlust eines Chromosomenabschnitts,
- **Translokation**: Austausch von Chromosomenabschnitten zwischen verschiedenen Chromosomen,
- **Inversion**: Umkehrung eines Chromosomenabschnitts um 180° durch falsche Verknüpfung von Bruchenden.

Genmutationen sind Veränderungen an Genen, wobei einzelne Basen oder längere Genabschnitte betroffen sein können. Grundsätzlich wird zwischen **Basensubstitutionsmutationen** (**Punktmutation**) und **Leserastermutationen** unterschieden. Bei ersterer kommt es zum Austausch von Nucleotiden der DNA, was zum Austausch einer Aminosäure führen kann. Durch Einfügen, Verdoppeln oder Entfernen von Basen kann sich das Leseraster der mRNA am Ribosom verschieben. So kann es zum vorzeitigen Kettenabbruch oder zu Polypeptiden mit falscher Aminosäuresequenz kommen.

Modifikation und epigenetische Vererbung

- **Modifikationen** sind nicht genetisch bedingte, von äußeren oder inneren Faktoren hervorgerufene Abweichungen des Phänotyps. Das Ausmaß dieser Merkmalsabweichungen bezeichnet man als **Reaktionsnorm.**
  Modifikatorische Veränderungen an den Chromosomen, die nicht die Basensequenz verändern, können an die Nachkommen weitergegeben werden (**epigenetische Vererbung**).

5.2 Vererbungsregeln

ÜBERBLICK: Definitionen und Symbole

- **Genom**: die Gesamtheit der Erbanlagen
- **Phänom**: die Gesamtheit der Merkmale
- **Genotyp**: der individuelle Genbestand eines Organismus
- **Phänotyp**: das individuelle Erscheinungsbild eines Organismus
- **Allele**: Versionen eines Gens, die auf identischen Abschnitten homologer Chromosomen liegen
- **homozygot**: die Allele eines Gens sind gleich
- **heterozygot**: die Allele eines Gens unterscheiden sich
- **dominant**: merkmalsbestimmendes Allel (Großbuchstaben)
- **rezessiv**: merkmalsunterlegenes Allel (Kleinbuchstaben)
- **intermediär (codominant)**: beide Allele sind gleichberechtigt an der Ausprägung des Merkmals im Phänotyp beteiligt
- **monohybrid**: nur ein unterschiedliches Merkmalspaar betreffend
- **dihybrid**: zwei unterschiedliche Merkmalspaare betreffend
- **P**: Parentalgeneration = Elterngeneration
- **F_1**: 1. Filialgeneration = 1. Tochtergeneration
- **F_2**: 2. Tochtergeneration
- **X**: Symbol für die Kreuzung von zwei Individuen

Mendelsche Regeln

Gregor Mendel (1822 – 1884) entdeckte 1865 durch Auswertung von Kreuzungsexperimenten die nach ihm benannten Vererbungsregeln. Er arbeitete bei seinen Untersuchungen an der Garten-Erbse (*Pisum sativum*) nur mit Merkmalen, die von dominanten oder rezessiven Erbanlagen bewirkt werden. Später konnte K. Correns auch intermediäre Merkmalsausprägungen nachweisen. Die drei mendelschen Regeln wurden von Mendel 1866 veröffentlicht und von Correns, Tschermak und de Vries 1900 wieder entdeckt.

Erste mendelsche Regel = Uniformitätsregel

Kreuzt man reinerbige Eltern (P), die sich in einem Merkmal unterscheiden, so sind alle Nachkommen (F_1) untereinander gleich (uniform).

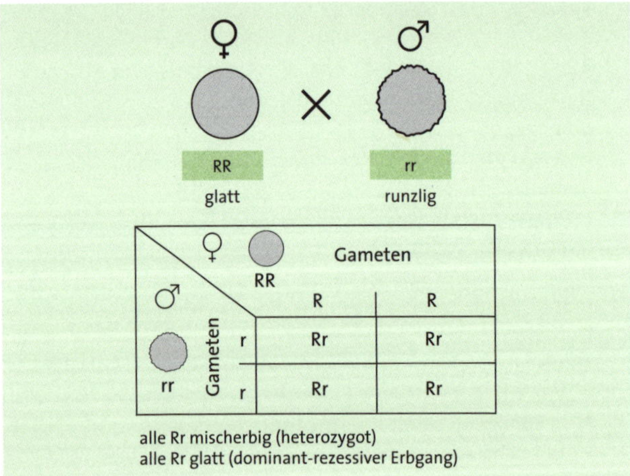

Vererbung der Samenform bei Erbsen (dominant-rezessiver Erbgang)

Zweite mendelsche Regel = Spaltungsregel

Kreuzt man die Individuen der F_1-Generation untereinander, so erhält man in der F_2-Generation eine Aufspaltung der Merkmale in festen Zahlenverhältnissen (bei dominant-rezessivem Erbgang 3:1, bei intermediärem Erbgang 1:2:1).

♀ \ ♂	R	r
R	RR	Rr
r	Rr	rr

Genotyp	Phänotyp
1 × RR (reinerbig)	glatt
2 × Rr (mischerbig)	glatt
1 × rr (reinerbig)	runzelig
1:2:1	3:1

♀ \ ♂	Ro	W
Ro	RoRo	RoW
W	RoW	WW

Genotyp	Phänotyp
1 × RoRo (reinerbig)	rot
2 × RoW (mischerbig)	rosa
1 × WW (reinerbig)	weiß
1:2:1	1:2:1

Dritte mendelsche Regel = Unabhängigkeitsregel

Kreuzt man homozygote Individuen (P), die sich in mehreren Merkmalen voneinander unterscheiden, so wird jedes Merkmal unabhängig von den anderen vererbt.

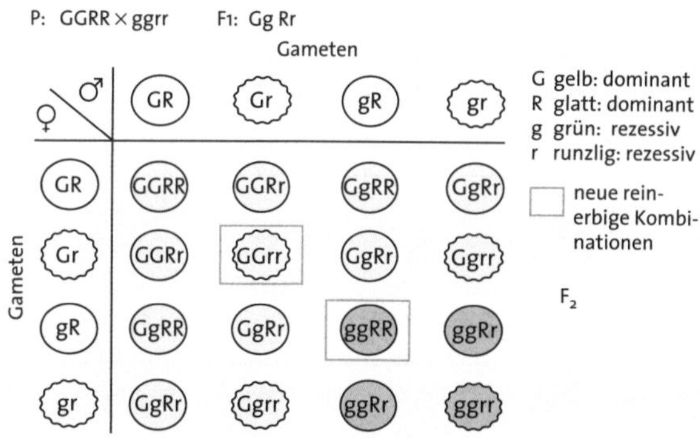

Zahlenverhältnis 9:3:3:1

Als Folge der Entdeckung der mendelschen Regeln wurde ein Gen definiert als Einheit der Vererbung, der Funktion und der Rekombination. Übereinstimmungen im Verhalten von Chromosomen und Genen bei den Zellteilungen führten 1904 zur Formulierung der **Chromosomentheorie der Vererbung.**

Kopplung von Genen

Die dritte mendelsche Regel hat nur Gültigkeit, wenn die Gene auf verschiedenen Chromosomen liegen. T. H. Morgan wies nach, dass die Gene der Fruchtfliege (*Drosophila melanogaster*) auf insgesamt vier **Kopplungsgruppen** verteilt sind, was der Zahl der Chromosomen des einfachen Chromosomensatzes entspricht. Diese Gesetzmäßigkeit gilt für alle Organismen. Sie bestätigte auch die Chromosomentheorie der Vererbung, nach der die Chromosomen die Träger der Erbanlagen sind.

Die Kopplung der Gene innerhalb einer Kopplungsgruppe ist nicht vollständig. Während der Prophase I der Meiose paaren sich die homologen väterlichen und mütterlichen Chromosomen. Dabei kommt es zu Überkreuzungen **(Chiasmata)** der vier Chromatiden, zu Brüchen und neuen Verbindungen zwischen den Chromatidenabschnitten (Chromosomenstückaustausch oder **Crossing over,** ↑ S. 77).

Genotypische Geschlechtsbestimmung

Das Geschlecht eines Menschen wird wie bei vielen Tieren und einigen Pflanzen durch Geschlechtschromosomen (**Gonosomen**) bestimmt, von denen im Unterschied zu den Körperchromosomen **(Autosomen)** meist nur ein Paar vorhanden ist. Die Geschlechtsausprägung ist bei fast allen Säugetieren und dem Menschen gleich (♀: **XX,** ♂: **XY**). Geschlechtsbestimmung durch äußere oder innere, nicht im Genom festgelegte Faktoren wird modifikatorisch genannt.

- weibliches Geschlecht: **XX**
- männliches Geschlecht: **XY**

Vererbung beim Menschen

Beispiel: **Blutgruppen**

Auch beim Menschen werden zahlreiche Merkmale nach den mendelschen Regeln vererbt, u. a. auch die Blutgruppen-Antigene A, B und 0, die durch die Allele A, B und 0 gesteuert werden. Je zwei dieser Allele bestimmen die Blutgruppenmerkmale eines Menschen. Die Allele A und B sind gegenüber dem Allel 0 dominant, zueinander sind A und B codominant, d. h. sie werden im Phänotyp nebeneinander gleich stark ausgebildet. Die vier Blutgruppentypen A, B, AB und 0 werden durch sechs Allelkombinationen festgelegt:

Blutgruppe/Phänotyp	A (A_1 oder A_2)	B	AB	0
möglicher Genotyp	AA bzw. A0	BB bzw. B0	AB	00

Erbkrankheiten

Erbkrankheiten sind in der Regel auf Mutationen zurückzuführen. Die meisten Erbkrankheiten gehen auf Veränderungen der Autosomen zurück und sie sind rezessiv. Nur im Fall der Homozygotie kommen sie zum Ausbruch. Die Wahrscheinlichkeit dafür ist bei Verwandtenehen deutlich erhöht.

Gene für Erbkrankheiten auf den X-Chromosomen führen dazu, dass es im männlichen Geschlecht wesentlich häufiger zur Ausprägung der Krankheiten kommt als im weiblichen (z. B. Bluter-Krankheit und die Rot-Grün-Sehschwäche).

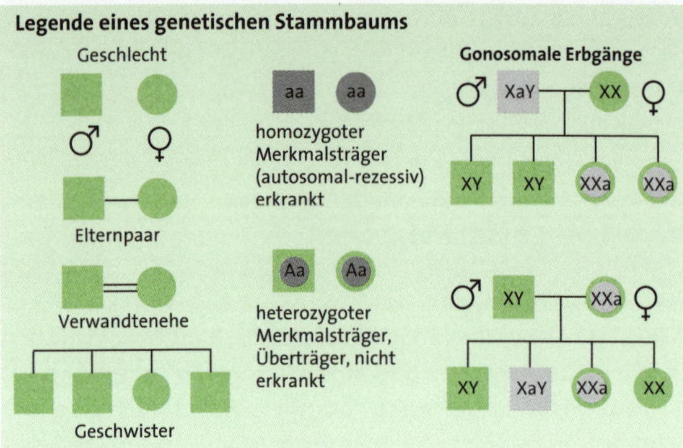

Art der Erbkrankheit	Bezeichnung	Auswirkung
Autosomal-rezessiv	Albinismus	Fehlen von Tyrosinase führt zu Melaninmangel (fehlende Pigmentierung)
	Phenylketonurie (PKU)	Durch Genmutation auf dem Chromosom 12 kann Phenylalanin-Hydroxylase nicht gebildet werden. Anhäufung des Phenylalanins im Blut bewirkt Hemmung der Gehirnentwicklung
Autosomal-dominant	Chorea Huntington (Veitstanz)	Erkrankung des ZNS, führt ab dem 40. Lebensjahr zu unkontrollierten Bewegungsabläufen und schließlich zum Tod
Gonosomal-rezessiv	Bluterkrankheit (Hämophilie)	Verletzungen können zu lebensgefährlichen Blutverlusten führen, da Gerinnungsfaktoren fehlen

5.3 Gentechnik

Unter Gentechnik versteht man Techniken, die die gezielte Veränderung bzw. Herstellung von DNA-Molekülen ermöglichen, die neue Gene oder Genkombinationen enthalten. Aber auch ganze Organismen können gentechnisch verändert werden (**transgene Organismen**). Wichtige Hilfsmittel der Gentechnik:

- **Restriktionsendonucleasen (Restriktasen):** Enzyme, die DNA-Moleküle nur an ganz spezifischen Nucleotidsequenzen so spalten, dass an den Spaltungsprodukten ungepaarte DNA-Strangstücke (sog. **klebrige Enden**) überstehen.
- **Ligasen:** Enzyme, die DNA-Fragmente verknüpfen.
- **Vektoren:** Viren oder Plasmide u. a., mit deren Hilfe DNA in das Erbgut eines Lebewesens eingeschleust werden kann.
- **Plasmide:** relativ kurze ringförmige Moleküle, die bei Bakterien außerhalb des Bakteriengenoms im Protoplasma vorkommen und die von Zelle zu Zelle übertragen werden können. Sie sind z. B. Träger von Resistenzfaktoren.

Methoden

Gelelektrophorese

In einem Agarose- oder Polyacrylamid-Gel wandern Nucleinsäure- oder Proteinmoleküle nach Anlegen einer elektrischen Spannung unterschiedlich schnell zur Anode. Gewinnt man die DNA-Fragmente aus bestimmten, nicht codierenden Bereichen des Genoms, ergibt sich ein für jedes Individuum charakteristisches Bandenmuster (**genetischer Fingerabdruck**). Diese Methode findet z. B. in der Kriminalistik zur Identifizierung von Personen Anwendung. Die aus Resten von Speichel, Blut oder Sperma gewonnene DNA wird vorher mithilfe der Polymerase-Kettenreaktion vervielfacht und mit Restriktionsenzymen in Fragmente zerlegt.

Hybridisierung

Paarungen von Nucleinsäuresträngen unterschiedlicher Herkunft, die z. T. komplementäre Basensequenzen haben. Bekannte Sequenzen können, radioaktiv oder mit einem Fluoreszenzfarbstoff markiert, als Sonden oder Marker dienen. So können einzelne der mit Gel-Elektrophorese getrennten DNA-Fragmente lokalisiert und abgetrennt werden (**Southern-Blotting-Technik**, 1975 von E. M Southern ausgearbeitet).

Ablauf der Southern-Blotting-Technik

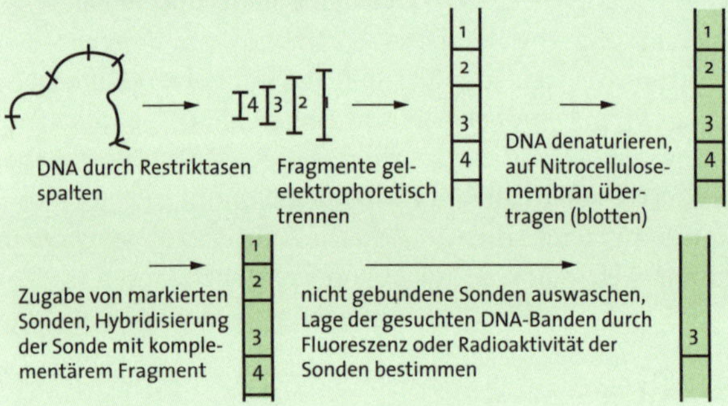

DNA-Sequenzierung und Genomanalyse

Heute gängiges Verfahren ist die Kettenabbruch- bzw. Didesoxymethode nach F. Sanger und A. R. Coulson. Es wird mit DNA-Einzelsträngen und einer Mischung aus Nucleotiden gearbeitet, die neben normalen Nucleotiden auch modifizierte Nucleotide (Didesoxynucleotide) enthält. An diese kann sich kein neues Nucleotid anlagern, deshalb kommt es zum Kettenabbruch. Für jedes Didesoxynucleotid gibt es eine eigene Reaktionsmischung. Die entstandenen Fragmente werden im Anschluss durch Gelelektrophorese getrennt. Aus dem Bandenmuster kann die DNA-Sequenz abgelesen werden.

Polymerase-Kettenreaktion (PCR)

Unter Zuhilfenahme einer hitzestabilen bakteriellen DNA-Polymerase können kleinste DNA-Mengen im schnellen Wechsel von hohen (ca. 95 °C) und niedrigeren (55 – 65 °C) Temperaturen zuverlässig und schnell vervielfältigt werden. Der dargestellte einzelne Zyklus der PCR wird etwa 30- bis 40-mal in einem Automaten durchlaufen.

Verfahren der Polymerase-Kettenreaktion

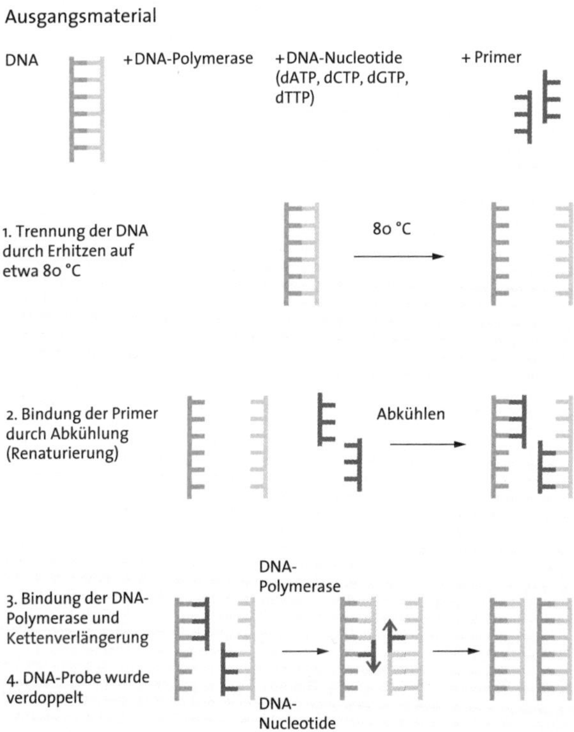

Genübertragung

Beispiel: **Erzeugung transgener Pflanzen**

Zur Übertragung fremder Gene in Kulturpflanzen wird u. a. das Bodenbakterium *Agrobacterium tumefaciens*, das bei Pflanzen Wurzelhalsgallenkrebs verursacht, benutzt. Während der Infektion integriert das Bakterium sein Ti-Plasmid in das Genom der Pflanzenzellen. Mithilfe gentechnisch veränderter, ungefährlicher Ti-Plasmide können bestimmte Fremdgene durch die Bakterien in das Genom der Pflanzenzellen integriert werden. Aus diesen Zellen werden dann vollständige transgene Pflanzen herangezogen.

Genübertragung bei Pflanzen

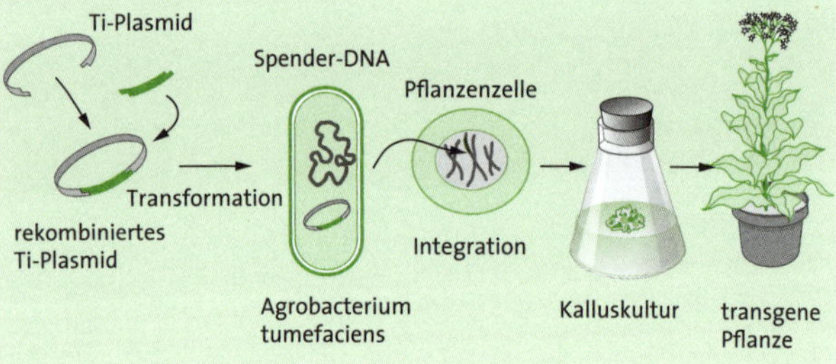

5.4 Immunbiologie

Gegenstand der Immunbiologie sind die Abwehrmechanismen eines Organismus als Schutz gegen die pathogene Wirkung von Fremdsubstanzen (**Antigene**). Grundsätzlich wird zwischen unspezifischer Abwehr (passive und aktive **Resistenz**) und spezifischer Abwehr (**Immunität**) unterschieden.

Passive Resistenz

Krankheitserreger und Schadstoffe werden zunächst durch die Haut und durch das bakterizide Wirken von Tränen- und Speichelflüssigkeit sowie Absonderungen von Schleimhautzellen gehemmt.

Aktive Resistenz

Haben Antigene diese Barrieren überwunden, werden sie durch **Makrophagen, dendritische Zellen, Granulocyten, Mastzellen** und **natürliche Killerzellen** angegriffen, die über Rezeptoren ein breites Spektrum von Erregern erkennen. Makrophagen und Granulocyten besitzen als **Fresszellen** die Fähigkeit zur Phagocytose. Nach der Zerlegung phagocytierter Antigene präsentieren die Fresszellen sog. **antigene Determinanten (Epitope)** auf der Zelloberfläche, die Signalcharakter für die Zellen der spezifischen Immunabwehr haben. Außerdem sondern sie Wirkstoffe ab, die Fieber auslösen.

Weitere unspezifische Abwehrstoffe sind u. a.:

- Komplement: zellauflösendes Enzymsystem,
- Interferon: Hemmung der intrazellulären Virusvermehrung,
- Opsonin: Markierung von Bakterien für die Phagocytose,
- Properdin: Abtötung von Bakterien, Viren, Protozoen.

Spezifische Immunabwehr

Die spezifische Immunabwehr wird erst in Gang gesetzt, wenn der Körper Kontakt mit dem betreffenden Antigen hat. Zwei Systeme arbeiten bei einer Immunantwort zusammen: die humorale Immunantwort und die zelluläre Immunantwort.

- **B-Lymphocyten** stehen im Dienst der humoralen Abwehr. Ihre Differenzierung und Determination findet im Knochenmark (engl. **b**one marrow) statt.
- **T-Lymphocyten** stehen im Dienst der zellulären Abwehr. Sie werden im **T**hymus zu immunologisch kompetenten Zellen (Weiterentwicklung zu T-Helferzellen und T-Killerzellen).

- **Antikörper:** Sie bestehen aus vier Polypeptidketten, die konstante und variable Bereiche besitzen. Letztere fungieren als sog. Antigenbindungsstellen, an denen nach dem **Schlüssel-Schloss-Prinzip** der molekulare Kontakt mit dem körperfremden Antigen hergestellt wird. Die große Vielfalt entsteht durch zufällige Kombination. Es werden fünf verschiedene Antikörpertypen (Immunglobuline G, A, M, E und D) unterschieden.
- **humorale Immunantwort:** Passende Antikörper werden gebildet, die die Krankheitserreger oder Schadstoffe neutralisieren.
- **zelluläre Immunantwort:** Aktive T-Killerzellen werden gebildet, die infizierte Körperzellen erkennen und durch Perforation der Zellmembran abtöten.
- **Gedächtniszellen:** Sie werden sowohl im Rahmen der zellulären (T-Gedächtniszellen) als auch der humoralen Immunantwort (B-Gedächtniszellen) gebildet. Bei erneuter Infektion mit dem betreffenden Antigen ist eine viel raschere Immunantwort möglich.

Aktive und passive Immunisierung

- **aktive Immunisierung:** Hierbei wird das immunologische Gedächtnis genutzt. Nach einer Impfung zeigt sich bei einer Infektion mit dem Erreger dieselbe schnelle und intensive Immunantwort wie nach einer bereits durchgemachten Erkrankung. Mögliche Impfstoffe sind u. a. das infektiöse Agens in niedriger Dosis, abgeschwächte oder abgetötete Erreger.
- **passive Immunisierung:** Hierbei werden direkt Antikörper gegen einen Erreger übertragen. Diese Form der Immunisierung hält nur einige Wochen an.

Allergien

Allergische Reaktionen basieren auf einer Überempfindlichkeit gegenüber nicht infektiösen Agenzien, den **Allergenen**.

Der größte Teil der Allergien gehört zu den Allergien vom Soforttyp oder Typ 1, bei denen die allergische Reaktion sehr zeitnah zum Kontakt mit einem Allergen auftritt.

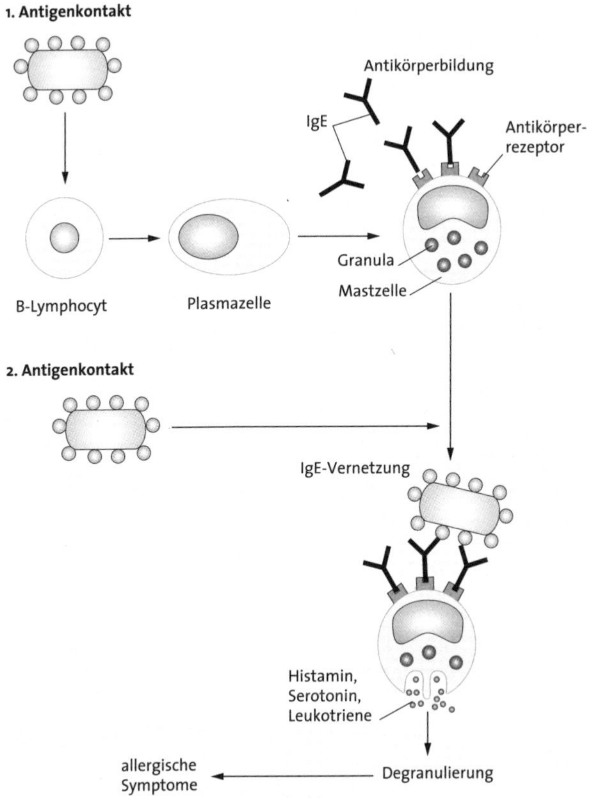

Schema zum Ablauf einer allergischen Reaktion

5

Erster Antigenkontakt: B-Lymphocyten reifen zu Plasmazellen heran, die antigenspezifische Antikörper der Klasse IgE synthetisieren. Diese binden an Rezeptoren der Mastzellen im Blut und bewirken damit die Sensibilisierung des Organismus für dieses Antigen.

Zweiter Antigenkontakt: Es kommt zu einer Vernetzung zwischen IgE-Antikörpern und Antigenen auf der Oberfläche der Mastzellen, die daraufhin Histamin u. a. **Mediatoren** genannte Substanzen freisetzen. Diese verursachen die typischen Symptome einer Allergie.

Vollallergene sind v. a. tierische oder pflanzliche Proteine, **Haptene** sind niedermolekulare Stoffe, die erst in Verbindung mit körpereigenen Proteinen wirken. Typische Allergene sind z. B. Pollen, Hausstaub (Kot der Staubmilben), Tierhaare, sowie Inhaltsstoffe von Nahrungsmitteln (z. B. Erdbeerallergie) und Medikamenten. Symptome sind z. B. Juckreiz und Nesselfieber, Heuschnupfen und Bronchialasthma.

Weitere Allergie-Formen sind:
- Allergie-Typ II: cytotoxische Überempfindlichkeit
- Allergie-Typ III: Immunkomplexbildung
- Allergie-Typ IV: Kontaktekzem

Die schwerste Form einer akuten allergischen Reaktion ist der **anaphylaktische Schock**. Hierbei kommt es zu lebensgefährlichen Reaktionen auf z. B. von stechenden Insekten injizierte Antigene. Durch die explosive Degranulation von Mastzellen erfolgt eine massive Ausschüttung von Mediatoren, wodurch es zu einer abrupten Erweiterung peripherer Blutgefäße kommt. Daraus folgen ein extremer Abfall des Blutdrucks sowie eine Verengung der Bronchialmuskulatur.

Der Begriff Epigenetik umschreibt, welche Faktoren die Aktivität eines Gens beeinflussen. Dabei handelt es sich um Modifikationen von Chromosomen, die nicht auf eine Änderung der Basensequenz zurückgehen. Diese führen zu Veränderungen der Aktivität von Chromosomen und deren Genom.

Die Epigenetik zeigt, dass das Genom durch äußere Einflüsse verändert werden kann, also einer umweltbedingten Variabilität ausgesetzt ist. So bietet sie die Möglichkeit, den Einfluss umweltbedingter Veränderungen auf das Genom zu erfassen und deren Konsequenzen für den Organismus zu verstehen. Epigenetische Veränderungen werden vererbt, sind jedoch potenziell reversibel.

Wesentliche epigenetische Modifikationen

Epigenetische Regulatoren bestimmen die Verpackungsdichte des Chromatins. Sie beeinflussen, wie eng verpackt – und damit zugänglich für die RNA-Polymerase – einzelne Genombereiche vorliegen.

1 **DNA-Methylierung**
Methyltransferasen hängen Methylgruppen direkt an das DNA-Molekül, in der Regel an die Base Cytosin. Sie verhindern die Transkription eines Gens.
Demethylierungen ermöglichen das Ablesen des entsprechenden Gens durch die RNA-Polymerase.

2 **DNA-Acetylierung**
Der Packungsgrad des DNA-Histon-Komplexes in den Chromosomen bestimmt die Transkriptionsrate vieler Gene. Acetylgruppen binden an Lysinreste der Histone und sorgen für eine Lockerung der Bindung zwischen Nukleosom und DNA. Dies begünstigt das Ablesen der entsprechenden Genabschnitte.

6 Evolution und biologische Vielfalt

Wichtige Informationen

Phasen der Evolution	
Kosmische Evolution: Entstehung und Entwicklung des Universums. Der **biologischen Evolution** auf der Erde ging eine chemische Evolution voraus.	Die heute lebenden Arten haben sich in langsamer, steter Abwandlung aus früher lebenden entwickelt. Zwischen allen Lebewesen besteht ein genealogischer Zusammenhang.
Chemische Evolution	Entstehung organischer Kohlenstoffverbindungen aus einfachen anorganischen Verbindungen Entstehung von Biopolymeren (Polysaccharide, Proteine, Lipide, Nucleinsäuren)
Biogenese: Übergang vom Nichtleben zum Leben	Wechselwirkungen zwischen Biopolymeren, insbesondere zwischen Proteinen und Nucleinsäuren
Biologische Evolution	
Entstehung von Protocyten	einfache Einzeller (Prokaryoten) mit koordinierter Vermehrung (Zellteilung)
Entstehung von Eucyten	durch Endosymbiose verschiedener Procyten
Entstehung von Vielzellern	durch Verbindung und Arbeitsteilung der Zellen

6.1 Evolutionstheorie

Geschichte

Fast in allen Kulturkreisen und Regionen gibt es Schöpfungsmythen, aber schon in der Antike versuchten Philosophen, rationale Erklärungen für die Vielfalt des Lebendigen zu finden. Im 18. Jahrhundert zweifelten verschiedene Naturwissenschaftler an der Konstanz der Arten.

Lamarckismus

Jean Baptiste Lamarck (1744–1829) entwickelte 1808 eine Evolutionslehre, nach der die Anpassung der Lebewesen an sich ändernde Umweltbedingungen und die Vererbung der dabei neu gewonnenen Eigenschaften zum Artenwandel und zur Artenaufspaltung führt.

Katastrophentheorie

Georges Baron de Cuvier (1769–1832) beschäftigte sich mit Fossilien. Er erklärte das Auftreten anderer Arten in früheren Erdzeitaltern mit Katastrophen, denen anschließend jeweils Neuschöpfungen folgten.

Selektionstheorie (Darwinismus)

Den Durchbruch brachte jedoch erst die 1858 veröffentlichte Evolutionstheorie von Alfred R. Wallace (1823–1913) und Charles R. Darwin (1809–1882), insbesondere die Veröffentlichung von Darwins Buch über „Die Entstehung der Arten durch natürliche Zuchtwahl“ 1859. Darwin postulierte in diesem Werk wie Lamarck, dass alle Lebewesen auf einen gemeinsamen Ursprung zurückgehen, dass zwischen ihnen also eine genealogische Verwandtschaft besteht. Als Ursachen für den Wandel und die Aufspaltung der Arten sah er jedoch die **„natürliche Auslese“** an (**Selektionstheorie**):

- Alle Lebewesen produzieren wesentlich mehr Nachkommen als wieder zur Vermehrung kommen können.
- Diese Nachkommen unterscheiden sich in ihren Merkmalen und viele dieser Unterschiede sind auch erblich.
- Diejenigen der Organismen, die am besten an ihre Umwelt angepasst sind, werden die meisten Nachkommen haben.

Zwar konnte Darwin diesen zweistufigen Prozess nicht beweisen, als Modellexperiment galt ihm jedoch die Züchtung von Haustieren und Nutzpflanzen, also die **künstliche Selektion**. Durch diesen Prozess ist es dem Menschen in relativ kurzer Zeit gelungen, eine erstaunliche Vielfalt an Formen zu gewinnen. Betrachtet man etwa Hunde- oder Tauben„rassen“, so bestätigen die sehr stark divergierenden Zuchtformen, dass Arten oder Populationen sich in Abhängigkeit von Umweltbedingungen sehr unterschiedlich entwickeln können.

Darwin vertrat die Ansicht, dass die Evolutionsfaktoren in der Gegenwart gleich wirksam sind, wie sie dies in der Vergangenheit waren. Damit übernahm er das Aktualitätsprinzip, das der Geologe Charles Lyell (1797–1875) auf erdgeschichtliche Vorgänge angewandt hatte.

Ausgangsfragen der Evolutionstheorie

Prinzipiell lassen sich drei Fragestellungen zur Evolution der Organismen unterscheiden:

- **Tatsachenproblem:** Hat Evolution stattgefunden? (Hierfür kann man eine große Zahl von **Indizienbeweisen** anführen).
- **Faktorenproblem:** Welche Ursachen liegen der Evolution zugrunde? (Damit beschäftigen sich Evolutionstheorien im engeren Sinne, z. B. die **synthetische Theorie**).
- **Stammbaumproblem:** Wie ist die Evolution abgelaufen? (Dies ist Forschungsgegenstand der **phylogenetischen Systematik** oder Cladistik).

6.2 Indizien für die Evolution der Organismen

Biochemische Gemeinsamkeiten aller Lebewesen: Identische Stoffwechselwege (z. B. Glykolyse) und Enzyme, gemeinsamer genetischer Code.

Fossilien: Fossilien (von lat. fossilis „ausgegraben") sind Reste oder Spuren von Organismen früherer Erdzeitalter. Sie verdeutlichen durch den Vergleich mit heutigen Lebewesen den Formenwandel und die Verwandtschaftsbeziehungen der Organismen. Durch eine Altersbestimmung ermöglichen sie Aussagen über den zeitlichen Ablauf der Evolution. **Leitfossilien** sind Fossilien, mit denen sich das relative Alter der sie umschließenden Gesteine ermitteln lässt. Sie müssen häufig vorkommen, leicht erkennbar, auf eine kurze Epoche beschränkt und geografisch weit verbreitet sein.

Nach der Art ihrer Entstehung werden mehrere Typen von Fossilien unterschieden:

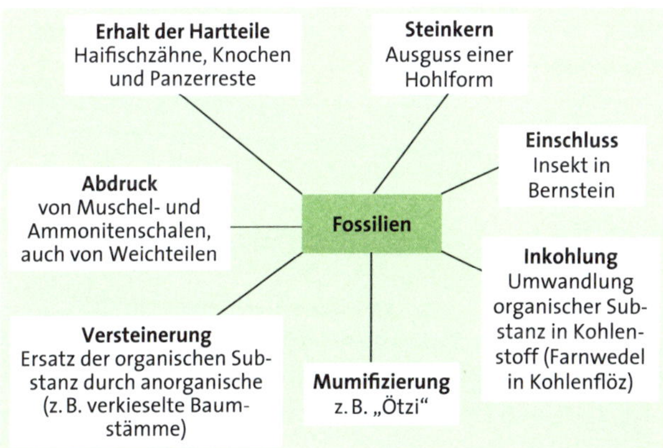

Übergangsformen oder **Brückenorganismen**: Lebewesen, die Merkmale von Organismen zweier unterschiedlicher systematischer Gruppen in sich vereinen (z. B. der Urvogel Archaeopteryx als Brückentier zwischen Reptilien und Vögeln).

Ontogenie: Ontogenetische Merkmale unterliegen im Allgemeinen einem geringeren Selektionsdruck. Deshalb sind sie sehr konservativ und können Hinweise auf Verwandtschaften geben. So erkannte Darwin, dass Seepocken aufgrund ihrer Larvenformen zu den Krebsen gehören müssen.

Rudimentäre Organe: Rückgebildete Organe, die im Verlauf der Evolution ihre ursprüngliche Funktion ganz oder teilweise verloren haben und nur noch als Organreste vorhanden sind. Beispiele sind rückgebildete Augen bei Höhlentieren, der Wurmfortsatz des Blinddarms oder die Muskeln zur Bewegung der Ohren beim Menschen.

Atavismen: Nur gelegentlich bei einzelnen Individuen einer Art ausgebildete Strukturen, die an frühere stammesgeschichtliche Stadien erinnern. Sie weisen darauf hin, dass die verantwortlichen Gene noch vorhanden, aber normalerweise unterdrückt sind. Beispiele sind beim Menschen ein schwanzartig verlängertes Steißbein oder Körperstellen mit fellartiger Behaarung.

6.3 Evolutionsfaktoren

Die Wiederentdeckung der mendelschen Regeln um 1900 führte zunächst zu einer Kontroverse zwischen Evolutionisten und Genetikern, die jedoch durch die **synthetische Theorie** der Evolution aufgehoben wurde. Sie unterscheidet fünf Evolutionsfaktoren:

Evolutionsfaktoren nach der synthetischen Theorie der Evolution

1. Es treten Mutationen und Rekombinationen auf.
2. Die Reproduktionsraten der Individuen sind unterschiedlich (Anpassungsselektion, „natürliche Zuchtwahl").
3. Die Population besteht aus einer endlichen Zahl von Individuen (Zufallsselektion, Gendrift).
4. Es findet Einkreuzung aus fremden Populationen statt (Genfluss, Migration).
5. Die Paarungschancen für verschiedene mögliche Paare sind unterschiedlich (Isolation).

Die Faktoren eins bis vier bewirken eine genetische Veränderung innerhalb der Populationen, damit ist die Chance zur Weiterentwicklung, zur besseren Angepasstheit und Höherentwicklung gegeben. Der fünfte Faktor führt zur Aufspaltung der Population und damit zur Artneubildung.

Bedeutung der Artenbildung

Die Artbildung ist der Elementarprozess, der für die Entstehung der Formenvielfalt der Lebewesen verantwortlich ist.

Evolutionsfaktoren

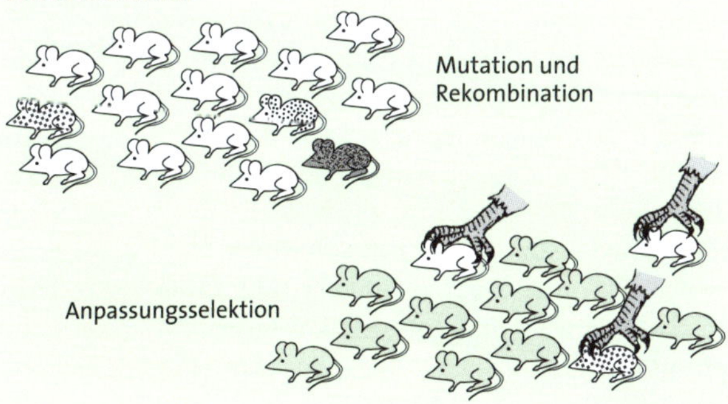

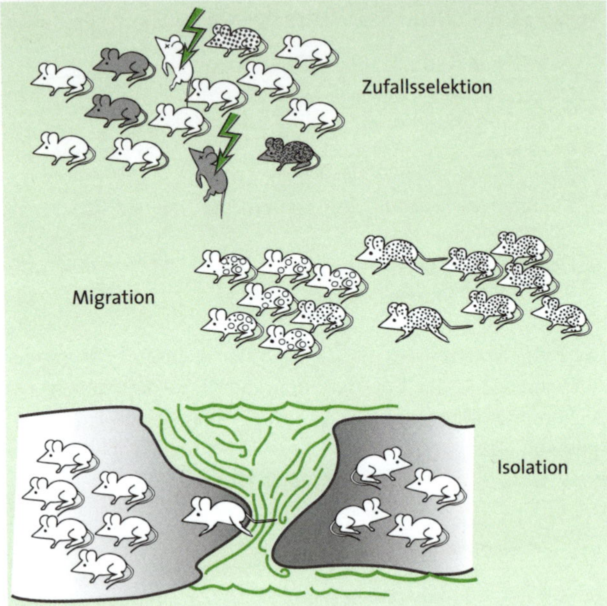

Bis heute ist umstritten, welche Bedeutung der Zufallsselektion (Gendrift) neben der Anpassungsselektion für Evolutionsvorgänge zukommt. Weiterhin muss beachtet werden, dass die genetische Vielfalt, also das Spielmaterial mit dem Evolution arbeiten kann, nicht in erster Linie durch Mutationen sondern durch Rekombinationen schon vorhandener Gene zustande kommt. Neue Rekombinanten entstehen v. a. durch **Sexualität,** aber in jüngerer Zeit hat sich gezeigt, dass auch **horizontaler Gentransfer** möglich ist – in großem Umfang bei Prokaryoten, aber in geringerem Umfang wohl auch bei Eukaryoten. Auch das aktive Wandern von DNA-Abschnitten (sog. **Transposons**) in einem Genom dürfte zur genetischen Vielfalt beitragen.

6.4 Symbiogenese

Symbiotische Vorgänge haben im Laufe der Erdgeschichte immer wieder eine entscheidende Rolle bei der Evolution der Lebewesen gespielt. Einen besonders großen Evolutionsschub brachte die Entstehung der ersten Eukaryoten aus Prokaryoten durch Endosymbiose.

Endosymbiontentheorie

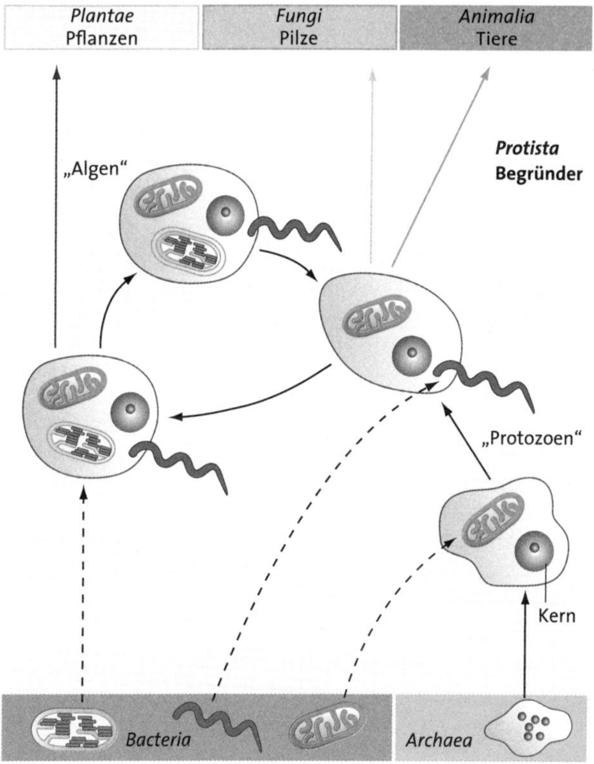

Das Zusammenleben und die Wechselwirkungen über Grenzen hinweg sind ein wichtiges Charakteristikum der Lebensvorgänge. Dies wird besonders bei den Wechselbeziehungen verschiedener Lebewesen deutlich, die man mit Konkurrenz (gegenseitiger Schaden), Symbiose (gegenseitiger Nutzen), Karpose (Parabiose, einseitiger Nutzen) und Antibiose (für einen Partner Vorteil, für den anderen Nachteil) beschreiben kann.

Symbiose

Symbiosen sind Gemeinschaften verschiedener Arten, die für zwei oder mehr Partner von Vorteil sind. Neben lebenslangen Partnerschaften (Beispiel Darmendosymbiosen bei Wiederkäuern oder Termiten) können sie auch nur von kurzer Dauer sein (Beispiel Blüte und bestäubendes Insekt). Vorübergehende Beziehungen, wie sie zwischen Putzerfischen und großen Rifffischen herrschen, werden auch als Allianz bezeichnet. Wenn eine Symbiose zur Entstehung neuer Arten beiträgt, spricht man von **Symbiogenese**.

Verdauungs-Symbiosen

- Holz bzw. Cellulose fressende Insekten (Tabakskäfer, Borkenkäfer, Termiten) mit Darmbakterien und Einzellern.
- Pflanzen fressende Säugetiere mit Darmbakterien und Einzellern.

Dabei werden die Endosymbionten häufig von Generation zu Generation – zum Teil schon über die befruchteten Eizellen – weitergegeben.

Symbiosen mit prokaryotischen N_2-Fixierern

- Hülsenfrüchtler (Erbse, Bohne, Wicke) und Bakterien (Rhizobium) in besonderen Wurzelknöllchen, die das Luftstickstoff-Molekül N_2 assimilieren können.

- Erlen oder Sanddorn und N_2-bindende endosymbiontische Aktinobakterien der Gattung Frankia.
- Schwimmfarn Azolla und N_2-bindende Blaugrüne Bakterien der Gattung Anabaena (fördern Fruchtbarkeit von Reisfeldern, ↑S. 32 f.).

Eukaryotische Algen als Endosymbionten

- Pilze und vorwiegend einzellige Algen (Flechtensymbiose),
- Schwämme, Korallenpolypen, marine Würmer, Schnecken, Muscheln und einzellige Algen Die größte aller bekannten Muscheln (Gattung Tridacna, „Mördermuschel") ernährt sich zu einem erheblichen Teil von endosymbiotischen Algen in ihrem Mantelsaum.

Aufbau einer Krustenflechte

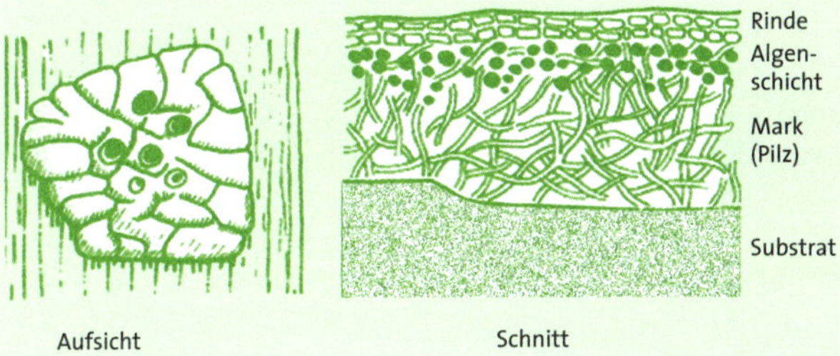

Ameisenpflanzen

Bemerkenswerte symbiotische Gemeinschaften bestehen zwischen Ameisen und Pflanzen (Myrmecophyten). Die Pflanzen bauen zum Teil Wohnungen für die Ameisen (Hohlräume in Blättern, Stielen oder Wurzeln) und manche bilden auch Nährkörper speziell für ihre Ameisengäste aus. Die Gegenleistung der Ameisen besteht darin, dass sie die Pflanzen vor Fressfeinden, Parasiten und Konkurrenten schützen.

Coevolution

Wenn sich die Evolution einer Artengruppe auf die Evolution einer anderen Artengruppe auswirkt, die mit diesen in enger Wechselbeziehung steht, spricht man von Coevolution. Häufig kann man dies für Parasiten und ihre Wirte nachweisen, ein weiteres Beispiel ist die Evolution von Blüten der Bedecktsamer und ihren Bestäubern.

6.5 Die Stammesgeschichte und die Vielfalt der Lebewesen

Artdefinition

Nach der biologischen Definition sind Arten geschlossene genetische Systeme. Sie umfassen alle Individuen, die einer Fortpflanzungsgemeinschaft angehören. Wird diese Fortpflanzungsgemeinschaft unterbrochen (reproduktive Isolation), kann es zur Bildung neuer Arten kommen.

Mikroevolution und Makroevolution

Evolutionsprozesse auf dem Niveau der Populationen (innerhalb der Arten) werden **Mikroevolution** genannt.

Die Einzelsymbole in der Abbildung stehen für die Individuen. Ihre unterschiedliche Farbe und Form steht für unterschiedliche physiologische, morphologische und genetische Konstitution. Räumliche oder ökologische Isolation führte zur Aufspaltung in getrennte Tochterpopulationen. Eine Zeit lang können diese jedoch auch wieder verschmelzen. Erst wenn die Trennung so groß geworden ist, dass dies nicht mehr geht, sind zwei (oder mehr) neue Arten entstanden.

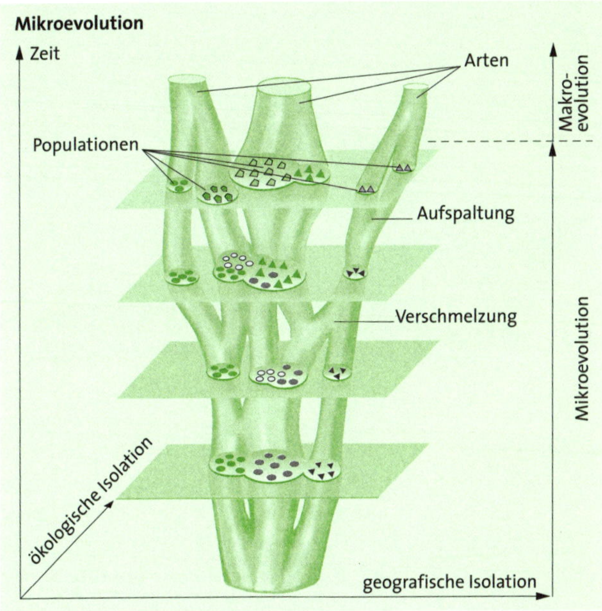

Unter **Makroevolution** versteht man die Herausbildung höherer taxonomischer Einheiten:

- **Allogenese (adaptive Radiation):** Aufspaltung in zahlreiche evolutive Linien innerhalb einer adaptiven Zone, z. B. wenn eine Ursprungsart auf eine noch unbesiedelte Insel gelangt (Grundfinken auf den Galápagosinseln).
- **Arogenese:** Evolutionsablauf, der es einer kleinen Gruppe von Arten oder nur einer Art gestattet, aus einer adaptiven Zone in eine andere zu wechseln. Arogenese ist eine Voraussetzung für neue **adaptive Radiationen** (Beispiel: Entwicklung von Kiefernbögen aus Kiemenbögen bei frühen Fischen, Entwicklung von Samen aus Megasporen bei frühen Landpflanzen).

6

Adaptive Radiation

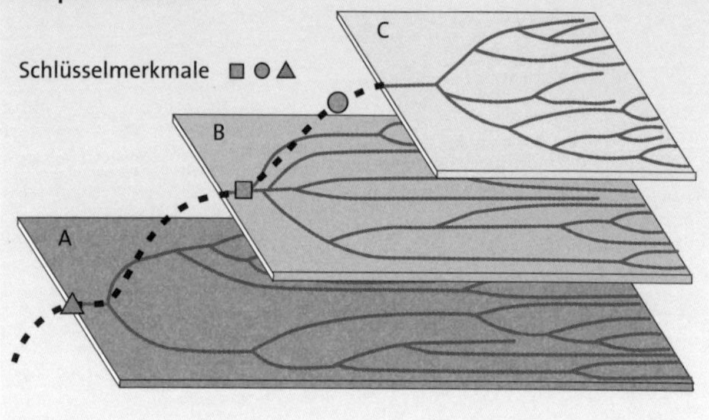

- **Stasigenese:** Typischer Evolutionsablauf in Lebensräumen mit sehr gleichbleibenden, konstanten Umweltbedingungen (z. B. Tiefsee). Stasigenese kann zur Erhaltung isoliert stehender Arten führen, die viele Merkmale längst ausgestorbener Organismengruppen tragen, sog. **„Lebende Fossilien“**, wie z. B. der rezente Stummelfüßer Peripatoides:

Stummelfüßer *(Onychophora)* als Beispiel für lebende Fossilien

Orthoevolution

Einige Stammeslinien scheinen Jahrmillionen hindurch immer denselben Entwicklungstendenzen zu folgen. So wurde z. B. die Evolution der Unpaarhufer häufig als Beispiel für eine orthoevolutiv verlaufende Stammesgeschichte angesehen. Dass es jedoch heute nur noch einzehige Vertreter der Pferdeähnlichen gibt, dürfte zu erheblichen Teilen auch der Zufallsselektion zuzuschreiben sein.

Eine Erklärungsmöglichkeit für gerichtet erscheinende Evolution wäre, dass gleichartige Umwelteinflüsse sehr lange auf eine Population einwirken. Aber eine lange stammesgeschichtliche Entwicklung bedeutet auch, dass viele nicht angepasste Gene verloren gehen und damit das genetische Potenzial eingeschränkt werden kann. Je weiter eine Spezialisierung fortschreitet, desto enger kann die Bandbreite evolutiver Möglichkeiten werden.

Stammbaumforschung

Das Ziel der Systematiker ist es, ein System zu entwickeln, das der natürlichen Verwandtschaft nahe kommt. Hierzu dienen Merkmalsvergleiche. Dabei kann es sich um morphologische, physiologische, verhaltensbiologische und heute vor allem auch molekulargenetische Merkmale handeln.

Merkmalsausprägungen, die in einer einheitlichen Abstammungsgruppe **(monophyletische Gruppe)** ursprünglich vorhanden sind, werden **plesiomorphe Merkmale** genannt. Abgeleitete Merkmalsausprägungen nennt man **apomorph**. Nur wenn zwei von drei Arten oder höheren Taxa ein gemeinsames, abgeleitetes Merkmal mehr besitzen, sind sie enger miteinander verwandt als mit der dritten Art. Gemeinsames Auftreten ursprünglicher Merkmale sagt nichts über die Verwandtschaft aus und kann daher bei der Aufstellung eines natürlichen Systems nicht als Kriterium herangezogen werden. Die systematische Forschung, die auf diesem Ansatz beruht, heißt Cladistik.

Die fünfstrahlige Vorderextremität bei Mensch und Dachs ist ein gemeinsames ursprüngliches Merkmal, daher besteht zwischen den beiden Arten keine nähere Verwandtschaft.

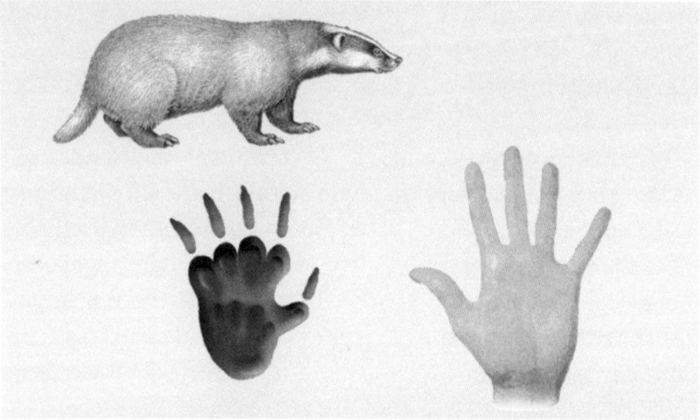

Die zweistrahlige Vorderextremität bei Elch und Gämse ist ein gemeinsames abgeleitetes Merkmal, daher besteht zwischen diesen beiden Arten eine nähere Verwandtschaft.

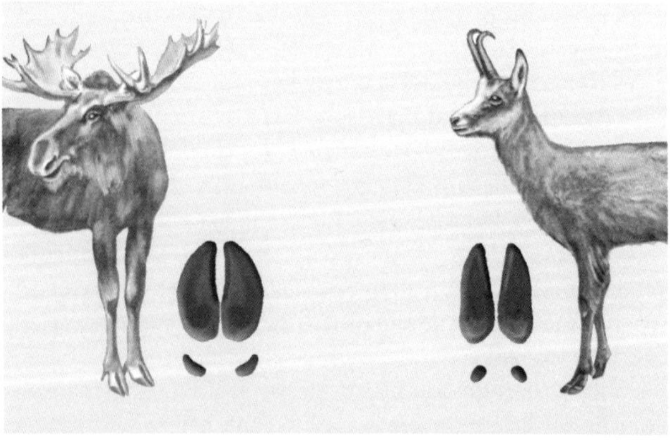

Bei der Bewertung von Merkmalen muss man sicher beurteilen können, ob Merkmalsausprägungen homolog sind, d.h. ob sie wirklich auf ein gemeinsames Stammmerkmal zurückzuführen sind, oder ob sie konvergent bzw. parallel aus verschiedenen Ursprüngen entstanden sind.

Homologiekriterien

- **Kriterium der Lage:** Zwei Strukturen sind homolog, wenn sie gleiche Stellen im Bauplan verschiedener Arten einnehmen und damit auf eine gemeinsame Ursprungsstruktur zurückgehen (z. B. Mundgliedmaßen der Insekten).
- **Kriterium der spezifischen Qualität:** Komplex gebaute Organe, die während der Phylogenese die Lage im Gefügesystem verändert haben, können dann homologe Organe sein, wenn sie in zahlreichen Merkmalen übereinstimmen. Danach sind z. B. die Hautschuppen des Haies mit den Schneidezähnen der Säugetiere homolog.
- **Kriterium der Stetigkeit:** Einander unähnliche und verschieden gelagerte Organe sind dann homolog, wenn sie sich durch eine Reihe von Zwischenformen miteinander verbinden lassen (z. B. die Blutkreisläufe der verschiedenen Wirbeltierklassen).

6.6 Gliederung der Vielfalt (Systematik)

Begriffe und Definitionen

Ziel der **biologischen Systematik** ist die Ordnung der Lebewesen nach ihrer stammesgeschichtlichen Verwandtschaft. Dabei ist die Art die grundlegende Einheit, die sich biologisch auch als

Fortpflanzungsgemeinschaft definieren lässt. Die höheren Einheiten sind hingegen nicht eindeutig definierbar.

Taxonomie

Die Taxonomie ist die Wissenschaft von der richtigen Benennung der Lebewesen. Ein **Taxon** (Plural **Taxa**) ist eine Klassifizierungseinheit. Die üblichen **taxonomischen Kategorien** sind:

- Domäne
  - ↳ Reich
    - ↳ Abteilung bzw. Stamm (bei Tieren)
      - ↳ Klasse
        - ↳ Ordnung
          - ↳ Familie
            - ↳ Gattung
              - ↳ Art

Unterkategorien lassen sich durch Verwendung von Vorsilben wie „Über-" (z. B. „Überfamilie") bzw. „Unter-" (z. B. „Unterklasse") bilden.

Binäre Nomenklatur

Seit Carl von Linné (Pflanzen 1753, Tiere 1758) werden Arten mit einem Doppelnamen benannt:

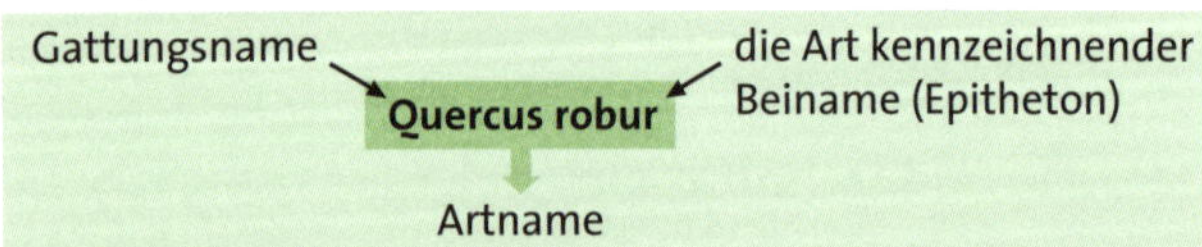

Es ist sinnvoll, auch für die deutsche Bezeichnung von Arten Doppelnamen zu verwenden, z. B. Stiel-Eiche.

Prinzip des hierarchischen Systems

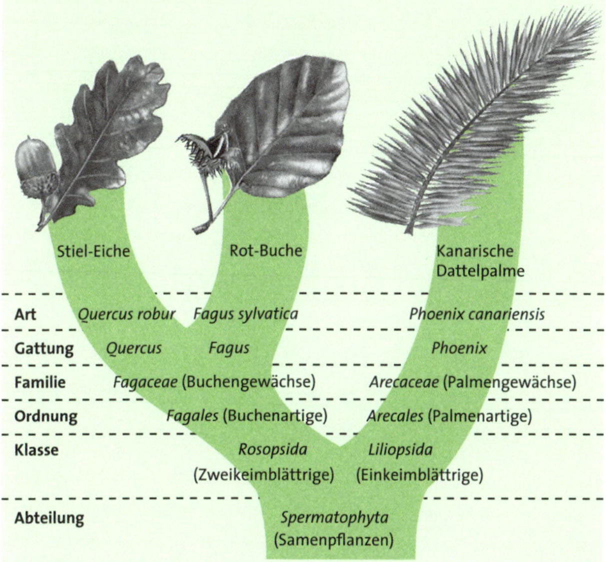

Systematische Einteilung der Lebewesen

Für die Einteilung der Lebewesen gibt es eine Reihe von Vorschlägen, die mehr oder weniger gleichberechtigt nebeneinander stehen. Alle berücksichtigen phylogenetische Kriterien, führen diese aber nicht bis in die letzte Konsequenz durch, da das System dann sehr unhandlich würde. Eine gängige Variante ist die folgende Einteilung:

Einteilung der Lebewesen in drei Domänen

- Archaea (Urbakterien, Archäen)
- Bacteria (Echte Bakterien)
- Eukarya (Kernhaltige)

Gliederung der Eukarya in Reiche

- Protista oder Protoctista (Begründer)
- Plantae (Pflanzen)
- Fungi (Pilze)
- Animalia (Tiere)

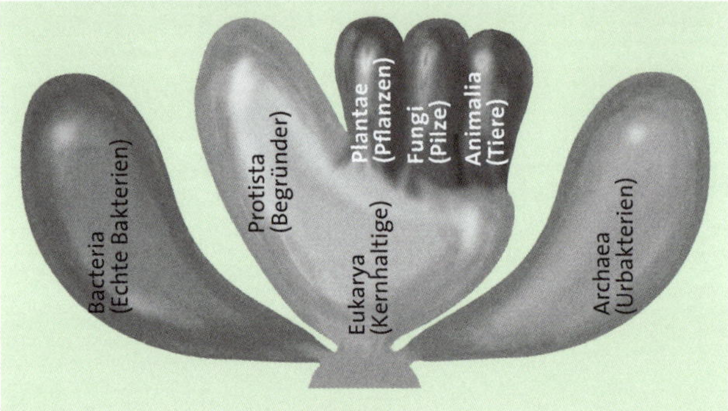

Grundlegender Unterschied zwischen den Prokarya (Bacteria und Archaea, auch Prokaryota genannt) und den Eukarya (auch Eukaryota) ist, dass Letztere einen Zellkern besitzen. Bacteria und Archaea können aufgrund der unterschiedlichen genetischen Struktur unterschieden werden.

Pflanzen, Pilze und Tiere bilden recht gut abgrenzbare Reiche, die jeweils auf einen gemeinsamen Ursprung zurückgeführt werden können. Die Protista sind eine sehr heterogene Gruppe, die mindestens fünf verschiedenen Abstammungslinien zugeordnet werden können. Dabei kann man eine Verwandtschaft von Pflanzen mit Günalgen und Rotalgen feststellen, Tiere und Pilze sind mit bestimmten begeißelten Einzellern (*Opisthokonta,* Schubgeißler) näher verwandt. Die Systematik der Eukarya wird immer wieder aufgrund neuer molekularbiologischer Erkenntnisse aktualisiert.

6.7 Evolution des Menschen

Verwandtschaft der Primaten

Die meisten Primaten sind Baumbewohner der tropischen und subtropischen Wälder, aber außer dem Menschen gibt es auch andere Bodenbewohner, z. B. die Paviane der Savannen. Außer dem Menschen kommen nur wenige Arten außerhalb der Tropen und Subtropen vor, z. B. die japanischen Rotgesichtsmakaken. Schon C. v. Linné vereinigte in seinem System den Menschen mit den Affen und Halbaffen in der Säugetierordnung Herrentiere (Primates). Die Zugehörigkeit des Menschen zu den Primaten ist heute unumstritten, nächste heute lebende Verwandte sind Schimpanse und Bonobo.
Die Primaten umfassen nur etwa 200 Arten. Lemuren, Loris und Galagos werden zu den Feuchtnasenaffen (Strepsirhini), die übrigen zu den Trockennasenaffen (Haplorhini) gerechnet.

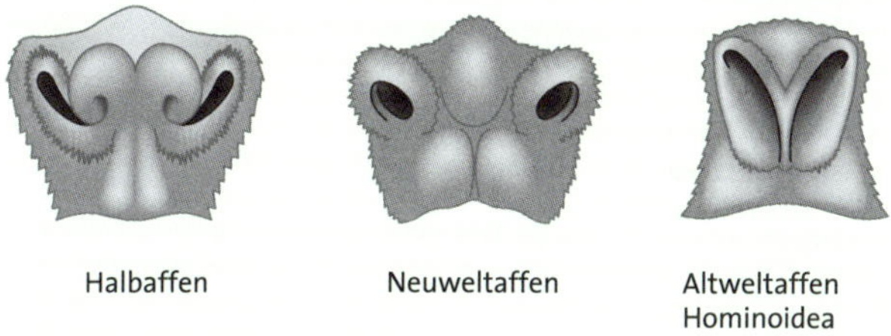

Die Ausprägung der Nasenregion ist ein wichtiges Unterscheidungsmerkmal für die Einteilung der Primaten.

Die ersten Primaten entstanden vermutlich vor 70 bis 80 Millionen Jahren (Oberkreide) aus Formen, die heutigen Insektenfressern ähnelten. Der älteste bisher gefundene „Echte Affe“ *Eosimias* lebte vor etwa 55 Millionen Jahren in China.

Stammesgeschichte des Menschen

Folgende Typen von Daten stehen zur Verfügung, um die Stammesgeschichte des Menschen zu erforschen:

- Fossilreste (Paläoanthropologie),
- Werkzeuge, Feuerspuren, tierische und pflanzliche Nahrungsreste,
- Rezente Populationen mit steinzeitlicher Lebensweise,
- Daten zur DNA-Sequenz und zum Proteinaufbau.

Insgesamt ist das Fossilmaterial lückenhaft und jeder neue Fund kann zu einer neuen Hypothesenbildung führen. Nach den bisherigen Erkenntnissen kann die Stammesgeschichte des Menschen wie folgt dargestellt werden:

Die **Dryopithecinen**, die vor 25 – 9 Mio. Jahren lebten, zeigen eine Mischung von Tieraffen- und Menschenaffenmerkmalen.

Die **Australopithecinen** sind die älteste Gruppe der Menschenfamilie. Hierzu gehören die Gattungen Ardipithecus, Australopithecus (inkl. Paranthropus) und Kenianthropus.

Die ersten Vertreter der Gattung **Homo** werden auch als Frühmenschen bezeichnet, der älteste derzeit bekannte Vertreter ist **Homo rudolfensis** (2,4 bis 1,8 Millionen Jahre) aus Kenia. Etwas jünger ist **Homo habilis**, dessen Gehirnvolumen bereits bis zu 650 ccm betrug und der bereits scharfkantige Steinwerkzeuge benutzte. Der vermutlich erste Mensch, der Afrika verließ, war **Homo ergaster** (Hirnvolumen zwischen 900 und 1 000 ccm).

Die Art **Homo erectus** („Aufrechter Mensch“) war bereits über weite Teile der Erde verbreitet. Mit einem Hirnvolumen von bis zu 1300 ccm war er bereits in der Lage, unterschiedliche Werkzeuge aus Feuerstein herzustellen und das Feuer für seine Zwecke zu nutzen. Er lebte vor etwa 1,8 Millionen bis 400 000 Jahren in China und ist auf Java vermutlich erst vor 40 000 Jahren ausgestorben. Eine 2004 von der kleinen, indonesischen Insel Flores beschriebene zwergwüchsige Menschenart, **Homo floresiensis**, stammt vermutlich von Homo erectus ab. Sie dürfte erst in jüngerer Vergangenheit ausgestorben sein.

Aus Homo erectus ist schließlich **Homo sapiens** hervorgegangen. Als frühe Parallelentwicklung gilt **Homo heidelbergensis**, dessen Unterkiefer bei Heidelberg gefunden wurde. Auch der **Neandertaler** ist eine parallele Entwicklungslinie zum Homo sapiens; genetische Gemeinsamkeiten sprechen für eine geringe Vermischung (Homo neanderthalensis). Er hatte seine Blütezeit vor 200 000 bis 30 000 Jahren, wurde etwa 1,6 m groß und hatte mit 1200 bis 1750 cm^3 ein eher etwas größeres Gehirnvolumen als heutige Menschen.

Die ältesten Fossilfunde des modernen Homo sapiens sapiens sind 195 000 Jahre alt und wurden in Äthiopien (Ostafrika) gefunden. Vor etwa 40 000 Jahren wanderte eine Teilpopulation nach Europa aus (**Cro-Magnon-Menschen** nach dem Fundort in Südfrankreich). Sie schufen sehr gute Steinwerkzeuge und Kunstwerke (Höhlenmalereien von Chauvet, 30 000 – 33 000 BP).

Verwandschaftsgruppen des Menschen

Für die Entwicklung zum modernen Menschen werden derzeit zwei Hypothesen diskutiert:

6

„Out-of-Africa"-Hypothese: Die modernen Menschen haben sich alle in Afrika entwickelt und sind von dort, beginnend vor etwa 100 000 Jahren, in mehreren Schüben ausgewandert.

Multiregionale Hypothese: Die modernen Menschen haben sich getrennt in verschiedenen Regionen der Erde aus Homo-erectus-Vorfahren entwickelt. Strittig ist dabei, ob es sich um eine echte Parallelentwicklung oder zunächst um eine monophyletische Entwicklung handelte, die dann zu einer frühen Aufspaltung führte.

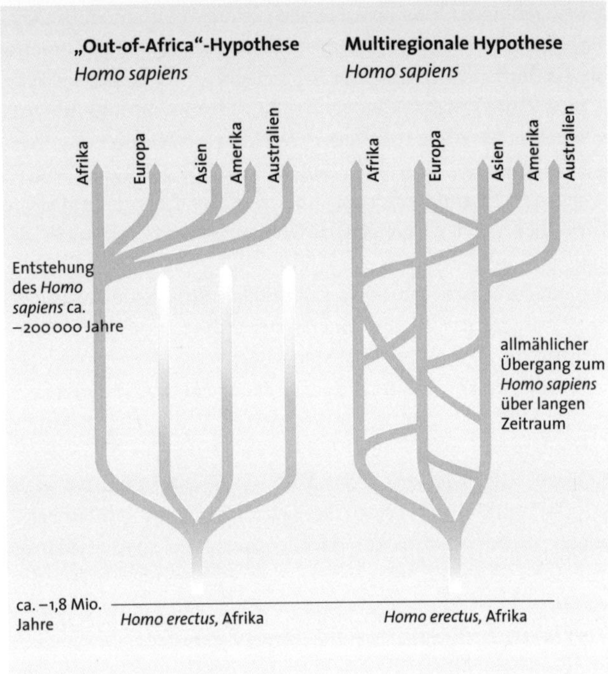

In der Biologie bezeichnet man als **Unterart** (oder **Rasse**) Populationen einer Art, die sich in ihrem Genbestand, ihrem Aussehen, den physiologischen Eigenschaften und Ansprüchen an die Umwelt von anderen Populationen dieser Art deutlich unterscheiden. Beim modernen Menschen gibt es keine Unterarten. Alle heute lebenden Menschen gehören zu derselben Art *(Homo sapiens)*, da sich auf genetischer Ebene keine klare Abgrenzung zwischen den Menschenpopulationen aus verschiedenen geografischen Regionen ziehen lässt. Biologen verwenden den Begriff „Rasse" im Zusammenhang mit dem Menschen nicht mehr.

Geistige und kulturelle Evolution

Folgende biologische Merkmale waren der Motor für die kulturelle Evolution des Menschen:

- Aus der **Bipedie** (Zweibeinigkeit) folgten weitere anatomische Veränderungen, insbesondere die Weiterentwicklung der Greifhand.
- Die verlängerte Wachstumsperiode des Schädels bei Primaten mündete in eine **Vergrößerung des Gehirns**, insbesondere der Großhirnrinde.
- Die **Verlängerung der** menschlichen **Kindes- und Jugendentwicklung** und die damit verbundene längere elterliche Fürsorge führte zu einer umfangreicheren Weitergabe von Erfahrungen und Kenntnissen von Generation zu Generation.
- Die Überlieferung angesammelten Wissens über mehrere Generationen wurde durch die Sprache und später durch die Schrift gefördert **(Traditionsbildung)**.

Im Allgemeinen werden bei der daraus folgenden kulturellen Evolution drei Schritte unterschieden:

1. Werkzeuggebrauch und Nutzung des Feuers (vor rd. zwei Millionen Jahren),
2. Entwicklung der Landwirtschaft (vor rd. 10 000 bis 15 000 Jahren),
3. Beginn der Industrialisierung vor rd. 250 Jahren.

2002 konnte beim Menschen eine für die Sprachfähigkeit wichtige Punktmutation an einem bei Säugetieren weit verbreiteten Gen (FOXP2) nachgewiesen werden, die die heute lebenden Menschen klar von Menschenaffen unterscheidet und die sich in menschlichen Populationen erst in jüngster Zeit durch Selektion ausgebreitet hat. Die junge Fixierung dieses Gens kann man an der großen Zahl variabler Introns erkennen.

Messung der genetischen Distanz

Früher	Heute
Die Systematik stützte sich weitgehend auf den Vergleich morphologischer Merkmale rezenter Arten untereinander und mit den Merkmalen von Fossilien ausgestorbener Arten.	Diese Daten werden ergänzt durch den Vergleich von Basensequenzen bestimmter Nucleinsäureabschnitte: Aus dem Grad der Übereinstimmung (genetische Distanz) wird auf die Verwandtschaft von Organismengruppen geschlossen. Die Unterschiede beruhen auf Sequenzveränderungen durch Mutationen.

Sequenzunterschiede als molekulare Uhren

Je länger zwei Arten getrennt sind, desto größer ist die Anzahl der durch Mutationen entstandenen Sequenzunterschiede in einem bestimmten Abschnitt ihres Genoms.

Gelingt es durch gut datierte Fossilfunde, solche Sequenzunterschiede einer bestimmten Zeitspanne zuzuordnen, können Aussagen darüber gemacht werden, wann sich zwei Stammbaumlinien aufgespalten haben, d. h., wann der letzte gemeinsame Vorfahr lebte.
Betrachtet werden meist nicht codierende Bereiche (Introns), da sie sich schneller verändern können und Mutationen hier keine nachteiligen Folgen haben.

Stammbaum des Cytochrom b

Mensch und Schimpanse haben mehr als 98 % gemeinsame Gene, mit der Fruchtfliege teilt der Mensch noch etwa 60 % seiner Gene.

Verfahren: Zur genaueren Datierung wird die DNA-Sequenz des Gens für das Cytochrom b verwendet, eines Enzyms der Atmungskette, das in den Zellen aller aerob lebenden Organismen vorkommt. Die codierenden Bereiche des zugehörigen Gens sind bei allen Organismen sehr ähnlich, Unterschiede gibt es vor allem in den nicht codierenden Introns.

Schlussfolgerung: Aus den Sequenzunterschieden in den nicht codierenden Bereichen ergibt sich z. B. für Menschenaffen und Mensch ein Stammbaum, der sich von früheren, auf morphologischen Merkmalen beruhenden Stammbäumen unterscheidet. Daraus hat sich v. a. ergeben, dass die Gattungen Pan (Schimpanse, Bonobo) und Homo (Mensch) enger miteinander verwandt sind als mit anderen Hominiden.

Stammbaum des Menschen

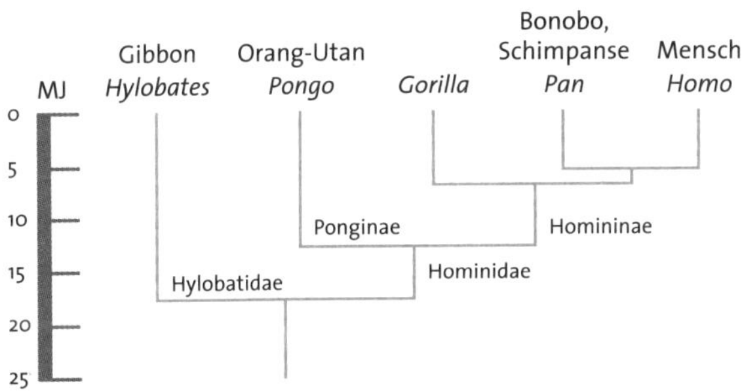

7 Verhaltensbiologie

Wichtige Informationen

Forschungsgebiete der Verhaltensbiologie	
Verhaltensentwicklung (Verhaltensontogenie)	Wie entstehen arttypische Verhaltensweisen im Laufe der Entwicklung eines Lebewesens?
Verhaltenssteuerung	Welche neurologischen und physiologischen Prozesse sind die Voraussetzung für den Ablauf eines bestimmten Verhaltens?
Soziobiologie	Welchen evolutionsbiologischen Wert hat ein bestimmtes Verhalten? Prämisse: Verhalten dient der erfolgreichen Weitergabe der eigenen Gene eines Individuums.
vergleichende Verhaltensforschung	Vergleich des Verhaltens verschiedener Arten mit dem Ziel, Erkenntnisse über Ursachen und Funktionen des Verhaltens zu gewinnen.
proximate Wirkursachen	morphologische, physiologische und neurologische Grundlagen von Verhalten
ultimate Zweckursachen	Welchen Selektionsvorteil bietet eine Verhaltensweise?

7.1 Ziele und Methoden der Verhaltensbiologie

Definition und Ziele

Was ist Verhalten?

Verhalten ist, was ein lebendes Tier tut und wie es dies tut. Dazu zählen u.a. Bewegungen, Lautäußerungen, Körperhaltungen, das aktive Abgeben von Duftstoffen oder Veränderungen der Form und Farbe des Körpers.

Schon in der Steinzeit war das Wissen über die Verhaltensweisen der Tiere für das Überleben des Menschen von existenzieller Bedeutung. Das Wissen über Gewohnheiten, Bevorzugungen und Aversionen der Tiere verhalf dem Jäger dazu, erfolgreich Beute zu machen und verminderte gleichzeitig das Risiko, selbst zur Beute zu werden. So steigerten unsere Vorfahren durch Verhaltensbeobachtung ihren Fortpflanzungserfolg. Zur objektiven Wissenschaft wurde die Verhaltensforschung erst im 20. Jahrhundert.

Vier grundlegende Fragen

Nikolaas Tinbergen (1907–1988) formulierte vier grundlegende Fragen der Verhaltensforschung, die die Ziele dieser Wissenschaft deutlich machen:

1. Frage nach Mechanismus und Form des Auftretens
2. Frage nach den Ursachen in der Entwicklung
3. Frage nach der biologischen Funktion
4. Frage nach der Stammesgeschichte

Schon bei der Formulierung einer Frage denkt sich der Verhaltenskundler mögliche Antworten (Hypothesen) aus, die sich auf Zusammenhänge zwischen beobachtetem Verhalten und den Bedingungen sowie zwischen einem Verhaltensphänomen und seinen Folgen beziehen. Dabei kann man in der Verhaltensbiologie vor allem zwei sehr unterschiedliche Herangehensweisen unterscheiden:

- die Untersuchung der zugrunde liegenden Mechanismen, also der inneren und äußeren Faktoren **(proximate Ursachen, Wirkursachen),**
- die Untersuchung der Funktion der Verhaltensweise in Bezug auf die Fitness (den Fortpflanzungserfolg) des Individuums **(ultimate Ursachen, Zweckursachen).**

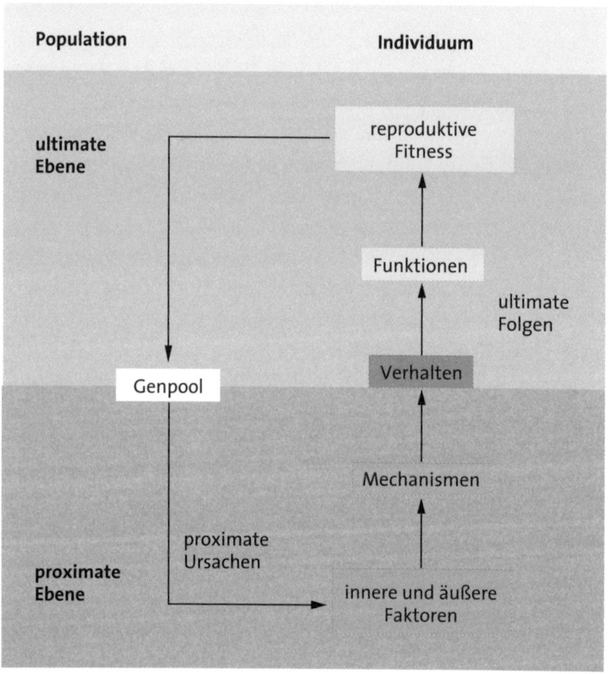

Methoden

Grundlegende Methoden der Verhaltensbiologie sind:

- Beobachten und Beschreiben von Verhalten,
- Messen, Auswerten und Analysieren,
- Quantitative Registrierung in Form eines Verhaltenskatalogs (**Ethogramm**),
- Formulieren von Hypothesen und konkreten Fragen sowie daraus resultierende Untersuchungsmethoden oder Experimente.

Klassische Experimente bzw. Versuchsanordnungen der Verhaltensbiologie sind z. B.:

- **Kaspar-Hauser-Experiment:** Ein Tier wird isoliert aufgezogen, um angeborenes und erlerntes Verhalten zu unterscheiden.
- **Attrappenversuch:** Mithilfe von Attrappen – das sind Objekte, die bestimmte Eigenschaften eines Gegenstands – z. B. eines anderen Tieres – charakterisieren – wird untersucht, welche Eigenschaft ein Schlüsselreiz hat.
- **Freilandbeobachtungen:** Die Tiere werden in freier Wildbahn zunächst aus der Ferne und nach Gewöhnung an den Beobachter auch aus der Nähe beobachtet. Diese Methode ist zwar sehr aufwändig und langwierig, liefert aber bei Wildtierarten die besten Ergebnisse.

7.2 Entwicklung des Verhaltens

Gene steuern den Entwicklungsvorgang. Aber auch bestimmte Umweltbedingungen müssen gegeben sein, damit ein Embryo sich entsprechend entwickeln kann. Für jeden Entwicklungsschritt, angefangen mit der befruchteten Eizelle, sind äußere Umweltfaktoren und innere genetische Vorgaben wichtig.

Welche Art von Erfahrungen bzw. welche Umwelteinflüsse im einzelnen für eine normale Entwicklung notwendig sind, ist artspezifisch verschieden. So beeinflussen bei Säugetieren die unterschiedlichsten Umweltfaktoren, Lern- und Sozialisationsprozesse das Verhalten der erwachsenen Tiere. Dabei spielen auch pränatale (vorgeburtliche) Einflüsse eine Rolle.

Prägung

Werden Verhaltensweisen während einer kurzen genetisch festgelegten Zeitspanne in der frühen Jugend durch einen bestimmten äußeren Reiz hervorgerufen und festgelegt, spricht man von Prägung. Bei Jungtieren vieler Nestflüchter kann man eine **sensible Phase** beobachten, in der sie fast wahllos auf bewegliche Objekte mit einer Nachfolgereaktion antworten.
Beispiel: Trennt man frisch geschlüpfte Enten- oder Graugansküken von ihrer Mutter, folgen sie einer einfachen Entenattrappe, aber auch einer menschlichen Person oder einem Kasten, der sich langsam von ihnen fortbewegt.

Zwei Tage nach dem Schlüpfen ist keine Prägung mehr möglich.

Verhalten von Jungtieren

Tiere müssen in jeder Lebensphase optimal an ihre Umwelt angepasst sein. Deshalb zeichnen sich Jungtiere häufig durch spezifische Verhaltensweisen aus, die in ihrem späteren Leben nicht mehr beobachtbar sind.
Beispiel: Silbermöwenküken entfernen sich bei Gefahr von ihrem Nest und verstecken sich duckend, still und bewegungslos in der Vegetation. Die erwachsenen Möwen fliegen bei Gefahr vom Nistplatz auf und stoßen Alarmrufe aus.

In der Regel zeichnen sich Jungtiere durch ein hohes Maß an Lernfähigkeit aus. Auch prinzipiell angeborene Verhaltensweisen können durch Lernen modifiziert werden.

7.3 Mechanismen des Verhaltens

Organismen besitzen die Fähigkeit, Reize aufzunehmen, sie zu verarbeiten und durch eine entsprechende Reaktion bzw. Verhaltensweise zu beantworten. Dabei müssen eine Vielzahl von Einzelreaktionen koordiniert werden:

- das Zusammenspiel und die Bewegung der Körperteile,
- die stabile Haltung und Fortbewegung des Körpers im Raum,
- die Stell- und Haltereflexe,
- die Schutzreflexe (z. B. Lidschlussreflex, Hustenreflex),
- angeborene und durch Lernen modifizierte Bewegungsprogramme (z. B. Schwimmen, Laufen, Fliegen).

Angeborenes Verhalten

Reflexe

Die einfachste Form angeborenen Verhaltens sind Reflexe.

- **unbedingter Reflex:** Eine Reaktion, die von einem bestimmten Reiz ausgelöst wird und in der Regel immer gleich abläuft. Im einfachsten Fall benötigt ein solcher Reflex nur zwei Nervenzellen, nämlich ein sensorisches und ein motorisches Neuron.
  Beispiel: Wird die Handinnenfläche eines Säuglings mit dem Finger berührt, so greift der Säugling danach (Greifreflex).
- **bedingter Reflex:** Wird ein unbedingter Reiz mit einem neutralen Reiz kombiniert, so kann der neutrale Reiz nach einiger Zeit die gleiche Reaktion auslösen wie der unbedingte Reiz und wird dadurch zum bedingten Reiz.
  Beispiel: Ein Augenlid schließt sich, wenn ein Luftstrom das Auge streift. Wird es aber kurz vor dem Luftstrom von einem Lichtstrahl getroffen, dann reicht nach mehreren Durchgängen der Lichtstrahl alleine aus, den Lidschluss auszulösen.

Es gibt viele angeborene Verhaltensweisen, die, anders als Reflexe, auch bei Anwesenheit des zugehörigen, auslösenden Reizes nicht immer auftreten. Sie laufen nur dann ab, wenn neben dem auslösenden Reiz auch der innere Antrieb, d.h. eine Motivation oder Handlungsbereitschaft vorhanden ist.
Beispiel: Ein Tier, das satt ist, wird selbst ein attraktives und üppiges Nahrungsangebot ignorieren.

Schlüsselreize und Auslösemechanismen
Schlüsselreize sind Außenreize, die ein spezifisches Verhalten auslösen. Sehr häufig handelt es sich dabei um relativ einfache Merkmalskombinationen, die man mithilfe von Attrappen simulieren kann.

In den Sinnesorganen und im Zentralnervensystem des Tieres vermutet man einen neurosensorischen Filter, der angeboren oder erworben sein kann und der dafür sorgt, dass der Organismus auf eine bestimmte Reizkonstellation reagiert. Bei diesen Auslösemechanismen werden unterschieden:

- angeborener Auslösemechanismus (AAM),
- erworbener Auslösemechanismus (EAM),
- durch Erfahrung ergänzter angeborener Auslösemechanismus (EAAM).

Solche Auslösemechanismen sorgen dafür, dass bestimmte Verhalten immer nach einem Programm ablaufen. Diese Bewegungsabläufe werden **Instinkthandlung** genannt. Sind sie ausschließlich genetisch festgelegt, werden sie als **Erbkoordination** bezeichnet.
Beispiel 1: Bei Menschen ist das Kindchenschema (großer Kopf, große Augen, kurzer Gesichtsschädel, rundliche Körperformen, dicke und kurze Extremitäten) ein Reizmuster, auf das sie mit vorhersagbarem Verhalten (Zuwendung, Beschützen) reagieren. Manche Tiere, z.B. Katzen, entsprechen diesem Kindchenschema und werden deshalb als „süß“ empfunden.

Beispiel 2: Erdkröten zeigen bei der Nahrungssuche immer die gleichen Verhaltensweisen, die in drei Etappen ablaufen:

1. **Appetenzverhalten** = ungerichtetes Suchen nach bestimmten Schlüsselreizen (Auftauchen eines Beutetiers)

1.

2. **Einstellbewegung** = Orientierungsreaktion, sobald das Beutetier wahrgenommen wird

2.

3. **Erbkoordinierte Endhandlung** = plötzliches Schnappen nach der Made; dies führt zum Absinken der zugrunde liegenden Motivation

3.

Das Modell der Erbkoordination ist allerdings nur zur Erklärung einfacher Verhaltensweisen anwendbar. Meist ist es kaum möglich, Instinktverhalten von erlerntem oder umweltbedingtem Verhalten völlig zu trennen. Normalerweise bilden angeborene Verhaltensweisen einen Rahmen, innerhalb dessen sich jedes Tier seinen inneren und äußeren Bedingungen anpassen kann.

Beispiel: Beim komplexen Nestbauverhalten der Vögel kommt die grundsätzliche Handlungsbereitschaft durch die hormonell gesteuerte Fortpflanzungsbereitschaft zustande. Bei genauerem Hinsehen spielen aber auch viele äußere Faktoren, wie z. B. das Angebot an Nistmaterial, eine wichtige Rolle.

Erlerntes Verhalten

Tiere können ihre Verhaltensweisen in zukünftigen Situationen aufgrund früher gemachter Erfahrungen verändern. Dieser Prozess wird als Lernen bezeichnet. Wichtige Voraussetzung für die Lernfähigkeit ist ein Gedächtnis (↑S. 65). Es können verschiedene Lernmechanismen unterschieden werden:

Bedingte Reaktion: Tiere kombinieren unterschiedliche Reizsituationen und modifizieren dadurch angeborene unbewusste Handlungen (klassische Konditionierung).
Beispiel: Der russische Physiologe I. P. Pawlow (1849–1936) zeigte an Hunden Folgendes: Wenn zusammen mit einem unbedingten Reiz ein bedingter Reiz angeboten wird, z. B. mit einer Futterschüssel ein Lichtsignal, so reicht schließlich das Lichtsignal alleine aus, um den zunächst unbedingten Reflex (Speichelfluss) auszulösen. Aus heutiger Sicht handelt es sich dabei allerdings nicht um einen bedingten Reflex, sondern um ein **bedingtes Appetenzverhalten**, da auch noch der Antrieb des Hungers zu der Auslösung des Verhaltens notwendig ist.

Bedingte Aktion: Wenn ein Tier durch Versuch und Irrtum lernt, dass zunächst zufällige Handlungen positive Folgen haben können, spricht man von einer operanten (instrumentellen) Konditionierung.
Beispiel: Der amerikanische Psychologe B. F. Skinner (1904–1990) entwickelte zur Untersuchung dieses Lernprinzips die sog. **Skinnerbox**. Dies ist ein Käfig, in dem Tiere zu bedingten Aktionen bewegt werden. Betätigen Ratten bei ihrem Erkundungsverhalten in der Box bestimmte Hebel, werden sie mit Futter belohnt. Sie lernen dadurch die Hebel zu benutzen, wenn sie hungrig sind.

Viele Säugetiere und einige Vögel zeigen – v. a. als Jungtiere – **Spielverhalten**. Man vermutet als ultimate Ursachen Einüben wichtiger Verhaltensweisen und Konditionstraining.

Gewöhnung: Wenn einem Tier ein bestimmter Reiz immer wieder angeboten wird und er weder positive noch negative Auswirkungen hat, gewöhnt sich das Tier an den Reiz und reagiert immer weniger. Auf diese Weise können bedingte Reaktionen verlernt werden (Auslöschung oder **Extinktion**).

Nachahmung (Imitation): Tiere können auch dadurch lernen, dass sie andere Tiere beobachten und ihr Verhalten nachahmen. Auf diesem Wege können Verhalten über mehrere Generationen weitergegeben und erhalten werden (Traditionsbildung). Besonders wichtig für diese Form des Lernens sind sog. Spiegelneuronen (↑S. 154 f.).

Kognitives Lernen: Viele Tierarten und vor allem Menschen sind in der Lage, ein Problem gedanklich zu erfassen und einen entsprechenden Lösungsweg, losgelöst vom Lernvorgang nur in der Vorstellung zu planen.

7.4 Angepasstheit des Verhaltens

Soziobiologie und Verwandtenselektion

Die Soziobiologie betrachtet ultimate Ursachen des Verhaltens. Das Verhaltensrepertoire eines Tieres hat zum Ziel, einen hohen Reproduktionserfolg zu erzielen.

Fitness ist die Überlebensfähigkeit eines individuellen Genotyps und seiner Nachkommen. Die Gesamtfitness ergibt sich aus der direkten Fitness und der indirekten Fitness (durch Verwandte), die einen Anteil derselben Gene tragen wie das Individuum. Daher müssen auch die Verwandtschaftsverhältnisse der beteiligten Individuen berücksichtig werden, um den Anpassungswert einer Verhaltensweise beurteilen zu können.

Altruismus, also uneigennütziges Verhalten ist vor allem zwischen genetisch verwandten Individuen zu beobachten. Er steigert die Gesamtfitness über die **Verwandtenselektion** (kin selection), evtl. auch über **Gruppenselektion.**

Kommunikation

- Nach dem **Sender-Empfänger-Modell** werden sowohl das Aussenden und der Empfang von Signalen als auch die Reaktion auf diese Signale als Kommunikation bezeichnet.
- Es kann unterschieden werden zwischen akustischen, optischen, chemischen, mechanischen und elektrischen Signalen.
- **Mimikry** ist Täuschung durch Signalfälschung. Spezifische Signale werden nachgeahmt oder kopiert, um andere Arten, z. B. Beutegreifer, abzuwehren.
  Beispiel: Viele harmlose Tiere imitieren gefährliche Tiere. So werden bei der **batesschen Mimikry** Wespen von Schwebfliegen imitiert. Aber auch verschiedene gefährliche Tiere bedienen sich derselben Warntracht und damit desselben Signals (**müllersche Mimikry**).

Soziale Strukturen

Alle Verhaltensweisen, die beim Umgang mit Artgenossen, zum Teil sogar mit Vertretern anderer Arten auftreten, werden als Sozialverhalten bezeichnet. Dabei spielen Tiergruppen eine wichtige Rolle:

- Familiengruppen: Mutterfamilie, Vaterfamilie, Elternfamilie,
- Verbände aus gleichartigen Individuen: z. B. Jungtiergruppen, Weibchengruppen, Junggesellengruppen,
- saisonal bedingte Gruppen: z. B. Winterschwärme, Zugschwärme bei Vögeln,

- Gruppen, die sich zu einer bestimmten Verhaltensweise zusammenfinden: z. B. Wandergruppen, Jagdgruppen, Spielgruppen, Überwinterungsgruppen,
- Fortpflanzungsgruppen: Hierbei werden im Tierreich verschiedene Paarungssysteme unterschieden:

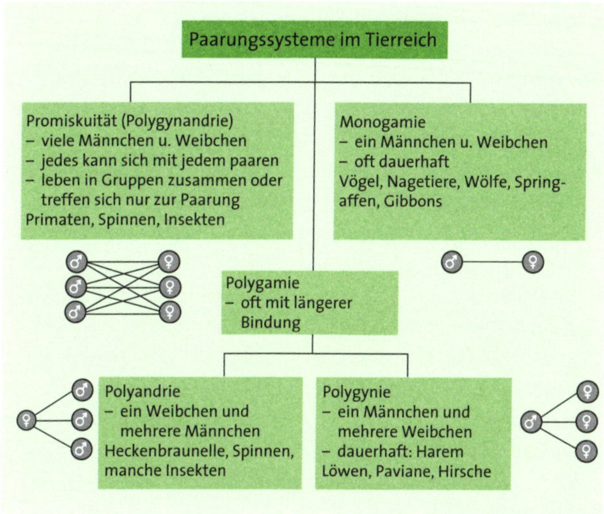

Analysiert man das Verhalten individuell unterscheidbarer Mitglieder einer Gruppe, geht es oft um die Frage, wer wem ausweicht und wer wen verjagen kann (**Rangordnung** oder **Dominanzhierarchie**). Besonders früh wurde sie für Hühner untersucht („Hackordnung"). Lineare Rangordnungen, wie man sie für Hühner nachweisen konnte, sind allerdings selten. Häufig kommt es zu komplizierteren Beziehungen der Art: α ist dominant über β, β über γ, aber γ dominiert das α-Tier.

Meist sind Körpergröße, physische Kondition und Kampfkraft für die Ranghöhe eines Individuums ausschlaggebend.

Konfliktverhalten (agonistisches Verhalten)

Der Zugang zu einer begrenzten Ressource – z. B. zur Nahrung oder zu Fortpflanzungspartnern – führt zu Konflikten zwischen Individuen einer Art. Man unterscheidet:

- **Imponieren:** Ein Individuum zeigt durch Brüllen, Brusttrommeln, Aufplustern, Sträuben des Fells usw. seine physische Überlegenheit, um den Angreifer einzuschüchtern.
- **Drohen:** Ein Individuum demonstriert Kampfbereitschaft, indem es Waffen (z. B. Zähne oder Krallen) präsentiert oder Drohlaute ausstößt.
- **Beschwichtigen:** Ein unterlegenes Tier nimmt eine Demutshaltung ein und demonstriert damit seine Niederlage. Dadurch wird die Aggressionsbereitschaft des Gegners gehemmt.
- **Kommentkampf/Turnierkampf:** Eine Art Wettkampf unter Artgenossen, der stark ritualisiert ist und nach klaren Regeln abläuft. Es werden keine tödlichen Waffen eingesetzt.
- **Beschädigungskampf:** Die beteiligten Individuen nutzen alle ihnen zur Verfügung stehenden Mittel und nehmen auch die Verletzung oder sogar den Tod des Gegners in Kauf.

Revierverhalten

Viele Tiere besiedeln ein **Revier (Territorium)**. Von Vogelkundlern wird meist der erste Begriff, von Säugetierforschern der zweite verwendet. Dies ist ein Gebiet, das von dem Individuum mit Hilfe agonistischen Verhaltens gegen Artgenossen verteidigt und besetzt wird. Meist sind Reviere ortsfest. Ihre Größe wird durch die Tierart, die Revierfunktion und die Menge der verfügbaren Ressourcen bestimmt. Häufig werden Reviere mit Duftstoffen markiert oder durch akustische Signale (Gesang) abgegrenzt. **Streifgebiete** sind Bereiche, in denen Tiere sich regelmäßig aufhalten, aus denen Artgenossen aber in der Regel nicht vertrieben werden.

Fortpflanzungsverhalten und Brutpflege

Das Fortpflanzungsverhalten umfasst einen umfangreichen Verhaltenskatalog:

- Partnersuche, Kontaktaufnahme und Auswahl geeigneter Fortpflanzungspartner,
- Konkurrenz um die Partner (sexuelle Selektion),
- Elternaufwand für die Nachkommen.

Partnerwahl

Bei sehr vielen Tierarten produzieren die Weibchen große, plasmareiche und unbewegliche Eizellen, die Männchen hingegen eine riesige Anzahl kleiner, plasmaarmer Spermien. Schon aus diesem Unterschied lassen sich verschiedene Verhaltensstrategien der beiden Geschlechter bei der Partnerwahl ableiten. Weiter ist die Rolle bei der Brutpflege von Bedeutung.

- Zieht die Mutter die Jungen alleine auf, investiert sie sehr viel Zeit und Energie in ihren Nachwuchs. Es ist daher für diese Weibchen wichtig, einen möglichst geeigneten Partner zu finden.
- Die Männchen sind, wenn sie nicht an der Jungenaufzucht beteiligt sind, in erster Linie an einer möglichst weiten Verbreitung ihres Erbguts interessiert. Sie versuchen also, sich mit möglichst vielen Weibchen zu paaren.
- Investieren beide Elternteile gleichermaßen in die Aufzucht der Jungen, ist die Partnerwahl in der Regel ein sehr aufwändiger Prozess.

Es gibt auch Tierarten, bei denen sich einige Individuen zu Gunsten anderer Gruppenmitglieder nicht selbst fortpflanzen. Sie unterstützen dann die anderen bei der Aufzucht ihrer Jungen. Diese Verhaltensweise wird durch die Verwandtenselektion (↑S. 148) erklärt. Vor allem bei Staaten bildenden Insekten (Bienen, Ameisen, Wespen, Termiten), aber auch bei einigen

Säugetieren (Nacktmulle, Ziesel, Murmeltiere, Krallenaffen) kann man ein solches Verhalten beobachten.

Sexuelle Selektion

Es werden zwei Formen der sexuellen Selektion unterschieden:

- **intrasexuelle Selektion:** Die Männchen konkurrieren kämpferisch um das Weibchen.
- **intersexuelle Selektion:** Die Weibchen wählen sich ihren Fortpflanzungspartner anhand bestimmter Merkmale aus.

Nicht selten wirken beide Selektionstypen zusammen.

Männchen müssen sich bei vielen Tierarten durch ihr Balzverhalten um das paarungsbereite Weibchen bemühen. Dabei spielen sekundäre Geschlechtsmerkmale, wie Farbmuster, Geweihe und Gehörne, Mähnen, lange Prachtfedern, eine wichtige Rolle. Die Herausbildung solch aufwändiger Merkmale im Laufe der Stammesgeschichte lässt sich nur mit sexueller Selektion erklären.

7.5 Menschliches Verhalten

Unterschiede und Gemeinsamkeiten

Auch beim menschlichen Verhalten spielen Reflexe, hormongesteuerte Handlungsbereitschaft und genetische Verhaltensdisposition eine wichtige Rolle. Andererseits unterscheiden sich Menschen von Tieren durch Fähigkeiten wie Werkzeuggebrauch, Sprache, (Selbst-)bewusstsein, Traditionsbildung, Kultur und Vernunft. Viele dieser Fähigkeiten sind jedoch nicht so ausschließlich menschlich, wie dies lange Zeit angenommen wurde.

- **Werkzeuggebrauch:** Seeotter benutzen Steine, um harte Schalen von Muscheln zu zertrümmern.
- **einsichtiges Verhalten:** Schimpansen, Gorillas und Orang-Utans sind in der Lage, Kategorien zu bilden, diesen Kategorien Begriffe oder Gegenstände zuzuordnen und abstrakt zu denken. Sie stapeln z. B. Kisten aufeinander, um Zugang zu einer Nahrungsquelle zu erlangen.
- **Selbstbewusstsein:** Menschenaffen erkennen ihr Spiegelbild.
- **Sprache:** Der Gesang der Wale, das umfangreiche Lautrepertoire der Grünen Meerkatze und die künstliche Zeichensprache des Bonobos „Kantzi" sind Beispiele für Kommunikationssysteme, die dem Begriff Sprache sehr nahe kommen.
- **Traditionsbildung:** Im Tierreich kommen bereits einfache Formen der Traditionsbildung vor. So haben die Rotgesichts-Makaken der japanischen Insel Koshima gelernt, Kartoffeln und Weizen zu waschen. Ein junges Weibchen machte die Entdeckung, dass man die Kartoffeln dadurch von Sand reinigen und den Weizen von Sand und Steinchen trennen kann. Die erlernte Fähigkeit wurde zunächst an Familienangehörige und dann immer wieder an Nachkommen weitergegeben.

Für die Sonderstellung des Menschen ist sein Gehirn als äußerst leistungsfähiges Organ für die Informationsspeicherung und -verarbeitung verantwortlich. Sprache, Schrift und die elektronische Datenverarbeitung, gepaart mit dem menschlichen Abstraktionsvermögen bilden die Voraussetzung für die **Kulturevolution**, die in mancher Hinsicht die viel langsamere biologische Evolution abgelöst, aber auch neue Bedingungen für Evolutionsvorgänge geschaffen hat (z. B. Lactose-Toleranz bei viehzüchtenden Bevölkerungen).

Die Empathie, d.h. die Fähigkeit, sich in andere hineinzuversetzen, wird als typisch menschliche Eigenschaft angesehen, die sich auf Mitmenschen oder auf andere Lebewesen beziehen kann. Primatologen ist bekannt, dass sich Ansätze dieser Fähigkeit auch bei anderen Primaten finden.
Spiegelneuronen werden darüber hinaus als Schlüssel weitergehender Lern- und Kulturleistungen angesehen.

Eigenschaften der Spiegelneuronen

Spiegelneuronen lösen beim **Beobachter** einer Tätigkeit die gleichen Potenziale aus wie bei dem, der diese Tätigkeit **ausführt**.

Italienische Neurowissenschaftler stellten fest, dass bestimmte Nervenzellen im prämotorischen Cortex von Makaken nicht nur Potenziale auslösen, wenn die Makaken nach Erdnüssen **greifen**, sondern auch dann, wenn sie **sahen**, dass einer der Forscher die Hand nach einer Erdnuss ausstreckte.

Durch Spiegelneuronen können Menschen Bewegungen ausführen, die sie bei einer **anderen Person** gesehen haben.

Deutsche Neurologen versuchen, Schlaganfall-Patienten durch gezielte Aktivierung von Spiegelneuronen therapeutisch zu helfen. Die Patienten beobachten täglich einige Minuten lang in Videofilmen wie andere Personen bestimmte Bewegungen machen und üben anschließend diese Bewegungen. Die solcherart behandelten Schlaganfall-Patienten sind viel schneller wieder in der Lage, Bewegungen auszuführen, als nach herkömmlicher Therapie.

Spiegelneuronen spielen beim Menschen eine wichtige Rolle bei der **Sprachverarbeitung**.

Spiegelneuronen konnten beim Menschen auch im motorischen Sprachzentrum, der Broca-Region, nachgewiesen werden. Es konnte gezeigt werden, dass diese Spiegelneuronen besonders aktiv wurden, wenn das Hörverstehen beeinträchtig ist, z. B. durch schlechte Wiedergabe in einem Video. Wissenschaftler vermuten, dass die Spiegelneuronen helfen, die fehlenden Informationen durch Deutung der Mimik zu ergänzen.

Es wird vermutet, dass Spiegelneuronen den Ursprung eines komplexen Areals der menschlichen Großhirnrinde darstellen, mit dem sich eine gesten- und grimassenreiche Kommunikation zu einer differenzierten sprachlichen Verständigung entwickeln konnte.

Spiegelneuronen ermöglichen es, sich in andere hineinzuversetzen und **fremde Absichten und Gefühle** zu erkennen.

Es wurden z. B. Neuronen entdeckt, die ein kurzes Schmerzsignal aussenden, wenn eine andere Person beobachtet wird, die sich verletzt. Weiterhin hat man herausgefunden, dass Spiegelneuronen auch in Hirnregionen sitzen, in denen Gefühle verarbeitet werden. Sie lösen sogar Signale aus, wenn bei anderen Individuen Ekel- oder Angstgefühle wahrgenommen werden.

Ein evolutionärer Vorteil könnte z. B. darin liegen, dass ein Mensch, der Angst bei einem anderen wahrnimmt, schneller reagieren kann, weil er bereits auf Flucht eingestellt ist. Spiegelneuronen werden mittlerweile als Schlüssel zum Verständnis menschlicher Empathiefähigkeit aber auch weitergehender Lern- und Kulturleistungen angesehen.

8 Ökologie

Wichtige Informationen

Teilgebiete der Ökologie	
Ökologie	Wissenschaft vom Haushalt der Natur (E. Haeckel, 1866), Wissenschaft von den Beziehungen der Lebewesen untereinander und mit ihrer Umwelt (W. Tischler, 1975)
Autökologie: Ökologie der Organismen	Verhaltensweisen sowie morphologische und physiologische Anpassung der einzelnen Arten an ihre Umwelt
Populationsökologie (Demökologie): Ökologie der Populationen	Einfluss von abiotischen und biotischen Umweltfaktoren auf die Entwicklung von Populationen
Synökologie: Ökologie der Ökosysteme	Stoffkreisläufe und Energieflüsse in Ökosystemen und in der Biosphäre
Biozönologie: Ökologie der Biozönosen	Faktoren, die die Zusammensetzung von Lebensgemeinschaften beeinflussen

8.1 Lebewesen in ihrer Umwelt

Lebewesen können nur innerhalb eines Toleranzbereiches existieren. Als primäre Standortfaktoren kommen Licht/Strahlung, Wärme, Wasser, chemische Faktoren und mechanische Faktoren in Frage. Alle anderen Faktoren wie Klima, Relief und Boden setzen sich aus diesen primären abiotischen Standortfaktoren zusammen. Die Einflüsse der Organismen aufeinander werden als biotische Umweltfaktoren zusammengefasst.

Abiotische Standortfaktoren

- **Wasser:** Als Transport- und Lösungsmittel hat Wasser eine zentrale Bedeutung für alle Lebewesen. Vor allem in den Subtropen ist es oft der wichtigste begrenzende Faktor.
- **Temperatur:** Für viele Lebewesen der Tropen und Subtropen ist Frost ($\leq 0\,°C$) ein begrenzender Faktor. Andere Lebewesen können extrem niedrige Temperaturen im Zustand latenten Lebens überdauern. Lärchen in Ost-Sibirien ertragen immerhin Wintertemperaturen bis zu -70 °C. Die höchsten Temperaturen ertragen mit etwa 110 °C Archäen an untermeerischen Vulkanschloten und in Geysiren.
- **chemische Standortfaktoren:** Hierzu gehören die Mineralstoffe des Bodens, die von Pflanzen in gelöster Form aufgenommen werden, sowie bestimmte Schadstoffe, wie Schwermetalle oder leicht lösliche Salze, die von Spezialisten toleriert werden (Salzpflanzen, Pflanzengesellschaften auf schwermetallreichen Böden), aber auch bestimmte Inhaltsstoffe von Wasser und Luft.
- **mechanische Faktoren:** Sie werden z. B. verursacht durch Wind, Schnee, Eis und fließendes Wasser und haben einen entscheidenden Einfluss auf die Vegetation.
- **Licht:** Als Umweltfaktor ist Licht vor allem für Pflanzen, Algen und Cyanobakterien entscheidend, da sie für die Primär-

produktion von organischen Verbindungen Licht benötigen. Aber auch viele Entwicklungsvorgänge werden vom Licht gesteuert. Über optische Sinnesorgane ist Licht wichtige Voraussetzung für die Orientierung von Tieren im Raum und für den Austausch optischer Signale.

Toleranzbereich und ökologische Potenz

Jedes Lebewesen kann nur innerhalb eines bestimmten Toleranzbereiches eines Umweltfaktors existieren. Trägt man die Intensität der Lebensvorgänge gegen einen Umweltfaktor auf, erhält man normalerweise einen glockenförmigen Kurvenverlauf:

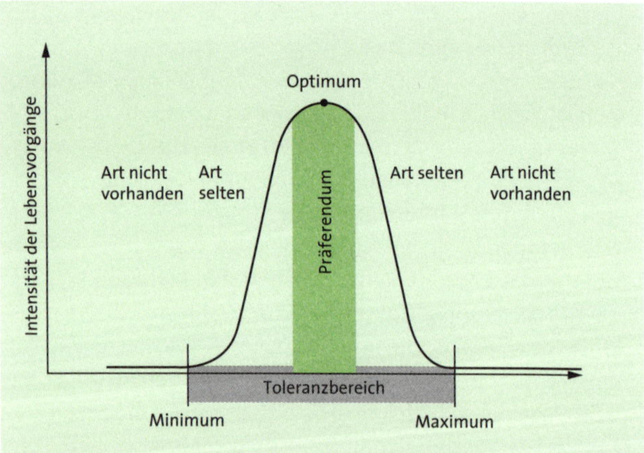

Toleranzkurve: Physiologische Potenz

Man unterscheidet:

- **physiologische Potenz:** Toleranzkurven für Organismen in Reinkultur und
- **ökologische Potenz:** Durch Konkurrenzdruck anderer Lebewesen veränderter Toleranzbereich.

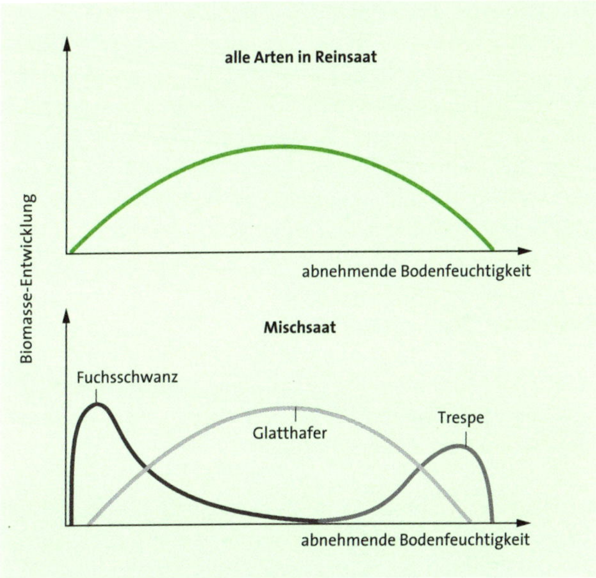

Hohenheimer Grundwasserversuch: Trespe, Glatthafer und Wiesen-Fuchsschwanz haben hinsichtlich der Bodenfeuchte praktisch dieselben Toleranzkurven (oben), in Mischkultur ergeben sich beim Glatthafer sehr ähnliche Werte, die ökologische Potenz des Fuchsschwanzes ist jedoch stark in den feuchten Bereich, diejenige der Trespe in den trockenen Bereich verschoben (unten).

Stenöke Arten: Bezeichnung für Arten mit einem engen Toleranzbereich. Sie können zur Beurteilung von Standorten genutzt werden (**Zeigerarten, Bioindikatoren**). So ist die Große Brennnessel ein Indikator für Nitrat im Boden.

Euryöke Arten: Bezeichnung für Arten mit einem weiten Toleranzbereich, die Schwankungen von Umweltfaktoren innerhalb weiter Grenzen ertragen (z. B. Dreistachliger Stichling im Hinblick auf den Salzgehalt des Wassers).

Schlüsselarten: Bezeichnung für Arten, die für das Wirkungsgefüge von Ökosystemen eine besondere Bedeutung haben. *Beispiel:* Miesmuscheln und Miesmuschelbänke sowie Seegraswiesen haben eine Schlüsselrolle für den Stoffhaushalt des nordfriesischen Wattenmeers. Miesmuscheln filtrieren das gesamte Wasservolumen. Seegraswiesen fördern die Sedimentation und bilden viel pflanzliche Biomasse. Sie sind damit Nahrungsgrundlage für viele Tiere, so z. B. für Gänse und Enten.

Biotische Umweltfaktoren

Man versteht darunter alle Einwirkungen auf einen Organismus, die von anderen Lebewesen ausgehen – sowohl intraspezifische als auch interspezifische.

- **Prädation (Räuber-Beute-Beziehungen):** In der Nahrungskette werden Phytophagen (Pflanzenfresser, Herbivoren), Zoophagen (Carnivoren, Fleischfresser) und Omnivoren (Allesfresser) unterschieden.
- **Symbiose (Mutualismus):** Das Zusammenleben von Organismen verschiedener Arten zum gegenseitigen Vorteil.
- **Karpose (Parabiose):** Ein Partner profitiert von dem Zusammenleben zweier Organismen, der andere nicht. Hyänen, Geier oder Schakale fressen oft die Reste der Beute von Großraubtieren (**Kommensalismus**).
- **Parasitismus:** Parasiten schädigen ihre Wirte durch Stoffentzug, Verletzung oder durch Abgabe von giftigen Stoffen, töten sie aber meist nicht. Bei pflanzlichen Parasiten unterscheidet man Halbparasiten wie die Mistel, die nur auf Wasser und Mineralstoffe vom Wirt angewiesen sind und Vollparasiten wie die Hopfenseide, die selbst nicht assimilieren können und auch organische Stoffe ihres Wirtes benötigen.

Konkurrenzausschlussprinzip

Je ähnlicher die Umweltansprüche zweier konkurrierender Arten sind, umso geringer ist die Möglichkeit, dass beide dauerhaft im gleichen Biotop nebeneinander existieren. Die konkurrenzstärkere Art wird die andere verdrängen.

Ökologische Nischen

Konkurrenten können durch evolutive Einpassung in neue Teillebensräume der Konkurrenz entgehen, so dass sie weiter im gleichen Biotop vorkommen können.

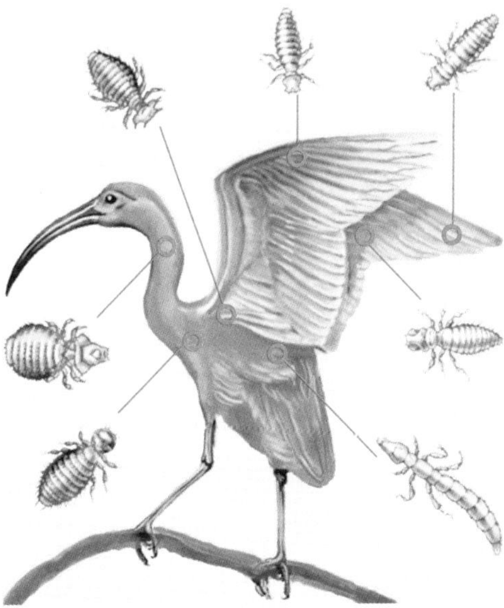

Unterschiedliche Federlinge als Parasiten im Gefieder eines Ibis

Koexistenz zwischen konkurrierenden Arten mit nahezu identischen Ansprüchen kann auch durch ständige mehr oder weniger regelmäßige Umweltveränderungen möglich werden.

Tarntrachten und Warntrachten

Unter Tarntrachten versteht man farbliche oder auf Formähnlichkeit beruhende Anpassung an die Umgebung. Dies kann sowohl für Beutetiere als auch für Beutegreifer von Vorteil sein. Manchmal werden bestimmte Gegenstände wie Aststückchen oder Steine nachgeahmt (Nachahmungstarntracht, **Mimese**). Einige Tiere können ihr Aussehen, insbesondere ihre Farbe, aktiv an die Umgebung anpassen (z. B. Chamäleon).

Mit auffälligen Farbmustern oder Formen warnen giftige Tiere mögliche Beutegreifer. Wird diese Warntracht nachgeahmt, spricht man von **Mimikry**. Hierbei werden verschiedene Formen unterschieden:

- **batessche Mimikry:** Harmlose Arten ahmen gefährliche Arten nach, z. B. Schwebfliegen – Wespen.
- **müllersche Mimikry:** Mehrere gefährliche Arten bedienen sich der gleichen Warntracht (verschiedene für Vögel ungenießbare tropische Falter Südamerikas, fast alle Faltenwespen-Arten).
- **peckhamsche Mimikry (Angriffsmimikry):** Beutegreifer ahmen harmlose Arten nach (Zunge als Wurmattrape im Maul der Geierschildkröte).

8.2 Aufbau der Biosphäre

Als Biosphäre wird die dünne Schicht der Erdoberfläche bezeichnet, in der Lebewesen vorkommen. Sie umfasst den untersten Bereich der **Atmosphäre**, die gesamte **Hydrosphäre** (Flüsse, Seen, Meere) und die oberste **Lithosphäre** (Erdkruste).

Zwischen den belebten und unbelebten Bestandteilen der Biosphäre bestehen enge Zusammenhänge, die sich in **Stoffkreisläufen** und **Energieflüssen** manifestieren. Bei weitem wichtigster Energielieferant ist die Sonne. Mit Hilfe ihrer Strahlungsenergie können grüne Pflanzen, Algen und Cyanobakterien organische Verbindungen aus anorganischen Verbindungen aufbauen. Zwischen Primärproduzenten, Konsumenten und Destruenten besteht ein Stoffkreislauf. Nur ein kleiner Teil der Gesamtmasse wird diesem kurzfristigen Kreislauf entzogen und bildet als fossiles Kohlenstoffvorkommen (Kohle, Erdöl, Erdgas) und als karbonathaltiges Sediment (Kalkstein) einen Kohlenstoffpool, der erst allmählich im Laufe der Erdgeschichte wieder der Biosphäre zugeführt wird.

Primärproduktion

Bruttoprimärproduktion (BPP): Die Gesamtstoffmenge, die bei der Fotosynthese umgesetzt wird.
Nettoprimärproduktion (NPP): Die Bruttoprimärproduktion abzüglich der als Betriebsstoff für die eigenen Lebensvorgänge benötigten Stoffmenge.

Die von der Sonne eingestrahlte Energie beträgt durchschnittlich 120 000 kJ × m^2 pro Tag. Unter günstigsten Bedingungen können 5 % dieser Energiemenge von Primärproduzenten aufgenommen werden. Nur etwa 1 % dieser Menge wird in Nettoprimärproduktion umgewandelt. Auf jeder weiteren trophischen Ebene reduziert sich die lebende Biomasse im Durchschnitt um weitere 90 %.

Aus dieser drastischen Abnahme der Energiemenge von einem Glied der Nahrungskette zum nächsten ergibt sich, dass die meisten Nahrungsketten in ihrer Länge stark begrenzt sind, da die Energieversorgung für Konsumenten immer unsicherer wird.

Energiehaushalt in der Biosphäre (globale Mittelwerte)

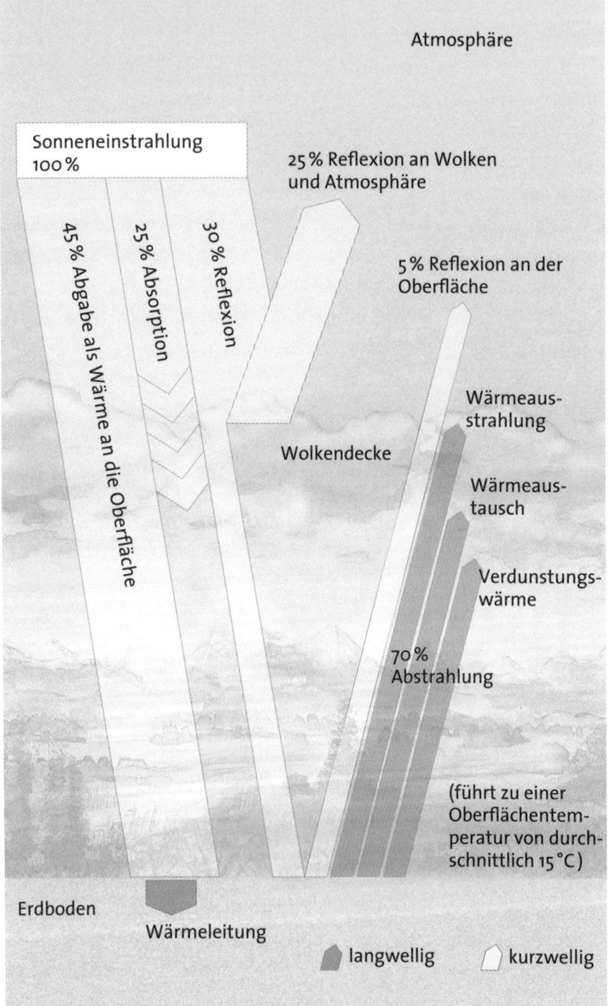

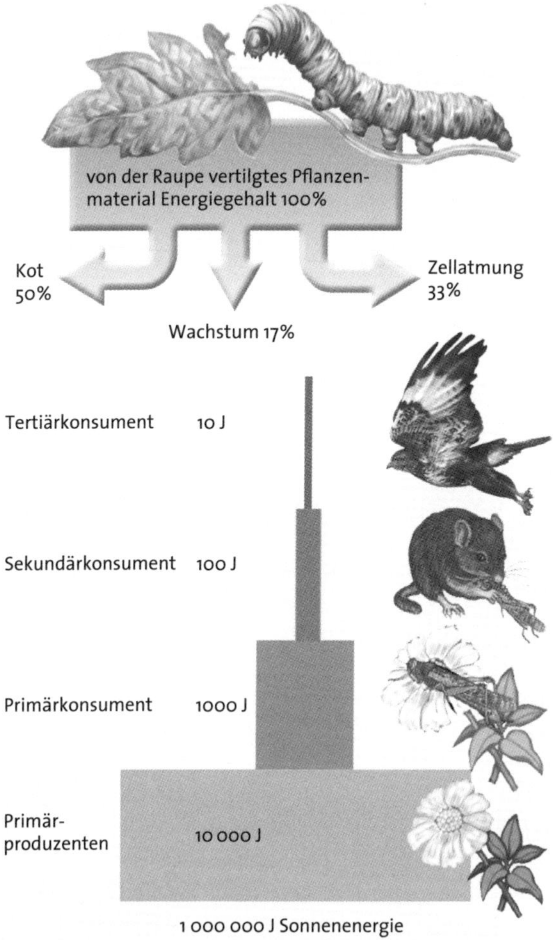

Energienutzung in der Nahrungskette. Mit der Energiepyramide gibt man den Energiegehalt der Biomasse jeder Nahrungsstufe an, die für das untersuchte Ökosystem ermittelt wurde.

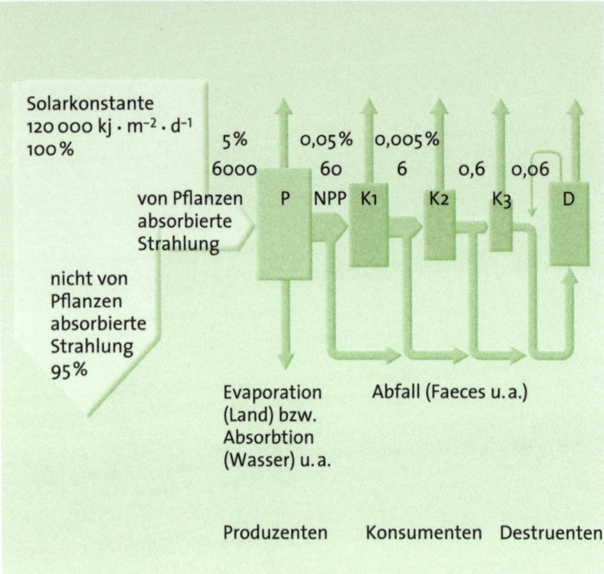

Energieflussdiagramm eines Ökosystems

Der Bestandsabfall wird von **Destruenten**, das sind Saprophagen (Verwerter toter organischer Substanz) und Reduzenten (Zersetzer) verwertet.

Umsätze der Stoffkreisläufe

Den mengenmäßig größten Umsatz hat der Kohlenstoffkreislauf. Der jährliche Umsatz beträgt etwa 200 Gigatonnen (etwa zu gleichen Teilen verteilt auf marine und terrestrische Ökosysteme). Dem gegenüber beträgt der Kohlenstoffgehalt der Atmosphäre derzeit etwa 800 Gigatonnen. Dies bedeutet, dass sich Veränderungen der Nettoprimärproduktion bzw. der CO_2-Produktion relativ rasch auf den CO_2-Gehalt der Atmosphäre auswirken können. Bei dem um etwa drei Zehnerpotenzen geringeren Umsatz von Stickstoff spielt das große N_2-Reservoir der Atmosphäre eine wichtige Rolle. Die Umsätze von Phosphor und Schwefel sind um etwa vier Zehnerpotenzen geringer als diejenigen des Kohlenstoffs. Dabei spielt bei Stickstoff und Phosphor der interne Kreislauf eine größere Rolle. Beim Schwefel verläuft der größte Teil über marine Sedimentation und Verwitterung von Sedimenten.

Ökosysteme

Als Ökosysteme werden Systeme aus Lebensgemeinschaft (Biozönose) und unbelebter Umwelt (Biotop) bezeichnet.

Der Energiefluss und die Stoffkreisläufe in der Atmosphäre spielen sich nicht in einer gleichmäßigen Wechselwirkung aller Organismen ab. Vielmehr kann man bestimmte räumlich benachbarte Organismengruppen abgrenzen, die untereinander besonders zahlreiche Wechselwirkungen zeigen.

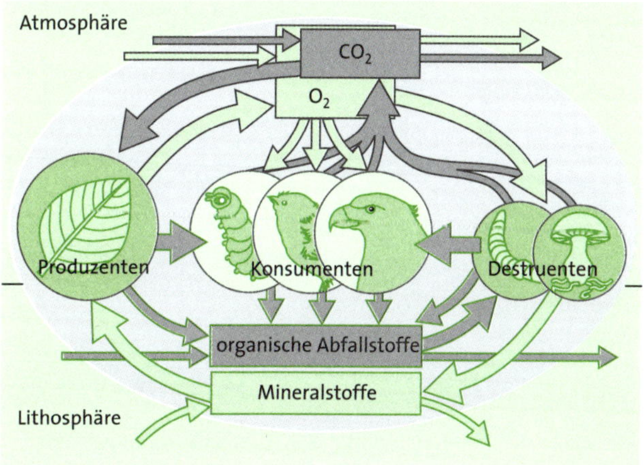

Schema eines Ökosystems

Wie ein Organismus ist auch ein Ökosystem ein offenes System, das nur dadurch in einem Gleichgewichtszustand bleibt, dass ein ständiger Stoff- und Energieaustausch mit der Umgebung stattfindet.

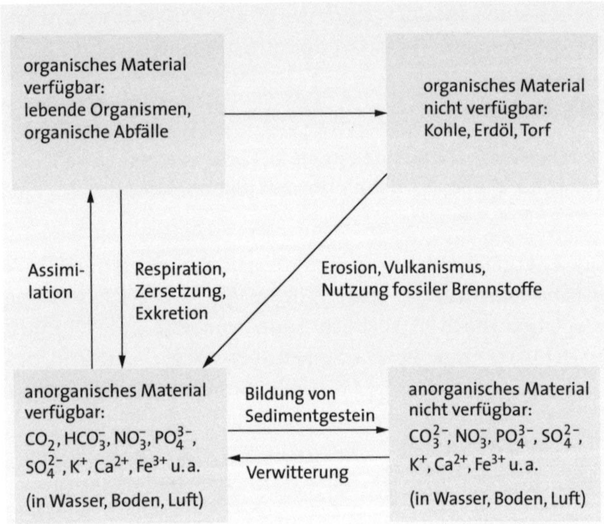

Prinzip des Stoffkreislaufs

Gliederung der Biosphäre

Biome

Ökosysteme können zu Ökosystemtypen zusammengefasst werden, die man als Biome bezeichnet.

- **marine Biome:** Meeresökosysteme nehmen etwa 75 % der Erdoberfläche ein. Man unterscheidet: Gezeitenzone (Eulitoral), Flachmeerregionen über den Kontinentalschelfen (neritische Zone), Hochseebereiche (ozeanische Zone), Meeresböden (Benthal), freies Wasser (Pelagial). Besondere Biome im sublitoralen Bereich sind die Korallenriffe.
- **limnische Biome:** Hierunter sind die Süßgewässer zusammengefasst. Sie haben eine viel geringere Ausdehnung als die marinen Biome.
- **Land-Ökosysteme:** Sie lassen sich weitgehend nach den großen Vegetationszonen gliedern. Diese wiederum hängen stark von den Klimazonen ab. Die Biome, die entsprechend der geografischen Breite aus Klimabedingungen resultieren, werden auch als **Zonobiome** bezeichnet.
- **Orobiome:** Unter diesem Begriff werden die Gebirgsökosysteme zusammengefasst.
- **azonale Biome:** Dies sind spezielle, von der geografischen Breite weitgehend unabhängige Ökosystem-Komplexe z. B. auf Salzböden. Vom Bodentyp abhängige Biome werden auch als **Pedobiome** bezeichnet.

Veränderung von Ökosystemen

Sukzession

Nach Gletscherrückzug oder nach der Entstehung einer Vulkaninsel werden die freifallenden Flächen von Lebewesen besiedelt. Dabei folgen nacheinander unterschiedliche Lebensgemeinschaften, die mit dem Einwandern und Aussterben von Arten verbunden sind. Diese Entwicklung wird Sukzession genannt. Sie endet mit einem **Klimaxzustand**.

Man unterscheidet **Primärsukzessionen** von **Sekundärsukzessionen**, wie sie z. B. nach einem Waldbrand oder nach einer Schädlingskatastrophe ablaufen können.

Mosaik-Zyklus-Modell

Dem Sukzessions-Modell steht das Mosaik-Zyklus-Modell gegenüber, das zunächst vor allem an Urwald-Ökosystemen beschrieben wurde. Danach gibt es keinen Klimaxzustand eines natürlichen Urwalds. Vielmehr entwickeln sich nach dem Zusammenbruch älterer Bäume Lichtungen und dort entstehen unter heftiger Konkurrenz zunächst Gesellschaften von Pionierbaumarten, die ihrerseits nach einiger Zeit wieder zusammenbrechen. So sind nebeneinander mosaikartig ständig verschiedene Entwicklungsstadien anzutreffen. Dabei entwickelt sich das Gesamtsystem immer weiter.

Pyrophyten

Einige Ökosysteme sind auf regelmäßige Brände angewiesen. Pyrophyten sind Feuerpflanzen wie z. B. die Dreh-Kiefer im Yellowstone Nationalpark (USA). Sie vermehren sich nur nach Bränden, da sich die reifenden Zapfen sonst nicht öffnen. Auch wird sonst der Konkurrenzdruck von anderen Arten zu groß. Steppengräser sind gegenüber Bränden relativ tolerant.

Ökosystem See

Stehende Gewässer sind in sich abgeschlossen und klar umgrenzt, weshalb sie zu den ersten gut untersuchten Ökosystemen gehörten. Nach dem Nährmineralgehalt und der Stoffproduktion unterscheidet man:

- **oligotrophe (nährmineralarme) Seen:** Geringe Produktionskraft, das gesamte organische Material wird remineralisiert. Im tiefen Wasser kommt es zu keiner Anreicherung von Mineralsalzen. Die Nährsalzzufuhr bleibt in den produktiven Wasserschichten der für die Primärproduzenten begrenzende Faktor. (z. B. Hochgebirgsseen, Heideseen, Moorseen).

- **meso- bis eutrophe (nährmineralreiche) Seen:** Die produktive Oberschicht kann über die Hälfte des Seevolumens ausmachen. Die Abbaukapazität reicht nicht aus. In den tieferen Schichten kommt es vor allem im Sommer zu starker Sauerstoffzehrung und schließlich zur Faulschlammbildung und zur Entwicklung von Schwefelwasserstoff und Methan. Durch Wasserzirkulation im Herbst und im Frühjahr kommt es zu einer kräftigen Düngung der Oberschicht. Anhaltend hohe Stoffproduktion führt schließlich zur Verlandung.

Eutrophierung

In Mitteleuropa sind nährmineralarme Gewässer ausgesprochen selten geworden, insbesondere durch die Einleitung von Abwässern und die Einschwemmung überschüssiger Düngemittel. Die zunehmende Eutrophierung aller oligotropher Seen – ein an sich natürlicher Vorgang – wurde in den letzten Jahrzehnten in Mitteleuropa stark beschleunigt. Durch vollständige Abwasserklärung kann dieser Prozess jedoch verlangsamt oder rückgängig gemacht werden.

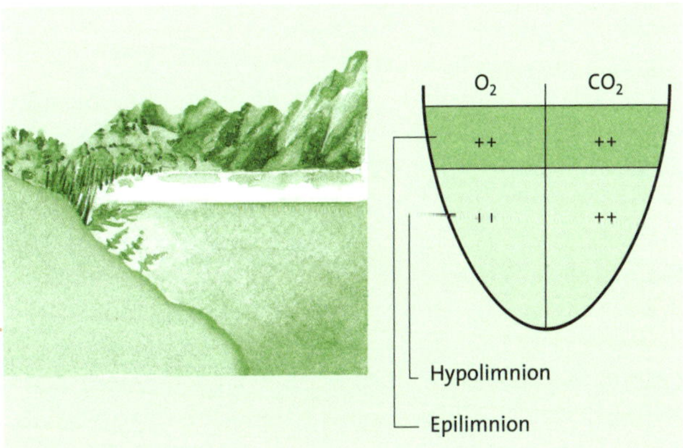

Typischer oligotropher See (z. B. Mittelgebirge)

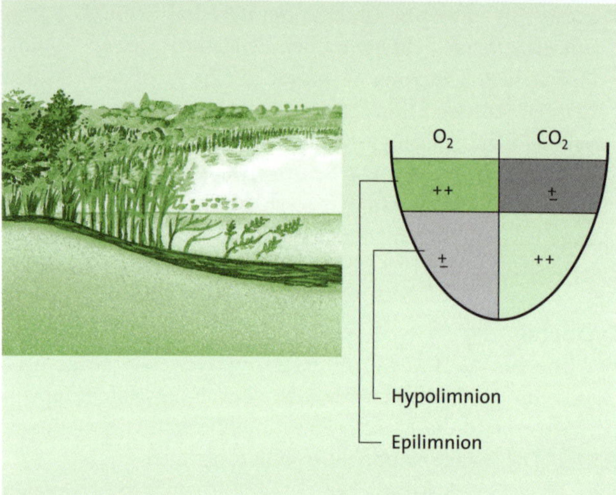

Typischer eutropher See (vorwiegend Flachland)

Zirkulation in Seen

Wasser hat bei + 4 °C seine größte Dichte (Dichteanomalie des Wassers). Kälteres Wasser wird wieder leichter. Deshalb gefrieren Seen von oben und nicht von unten. Außerdem ist diese Eigenschaft für die jährliche Stoffzirkulation in einem See von besonderer Bedeutung. Im Sommer erwärmt sich der See durch direkte Strahlungsabsorption. Seen mit vielen Schwebeteilchen erwärmen sich besonders schnell. Mit der Tiefe nimmt die durchgelassene Strahlungsmenge exponentiell ab. Dies führt zu einer Temperaturschichtung, die wegen der geringen Wärmeleitfähigkeit des Wassers relativ konstant bleibt. Dabei ist eine oberflächennahe fast gleichwarme Schicht (**Epilimnion**) von dem kühleren Tiefenwasser (**Hypolimnion**) durch eine Sprungzone (**Metalimnion**) getrennt. Erst die herbstliche Abkühlung bringt eine tiefer greifende Wasserzirkulation und damit einen Konzentrationsausgleich der Stoffe im See.

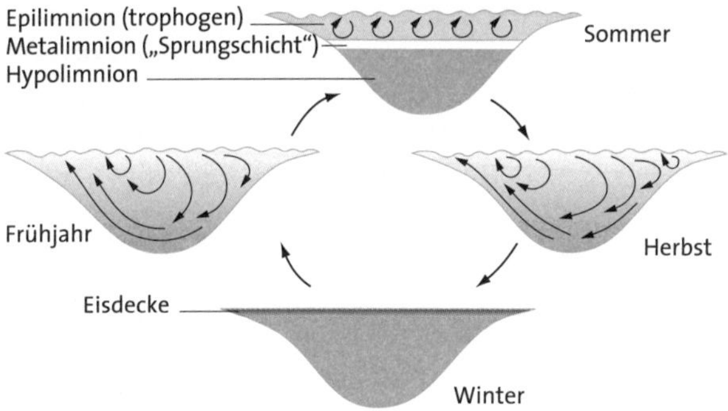

Zirkulation in einem See im Jahresverlauf

Lebensbereiche von Seen

- Bodenzone = Benthal
- Freiwasserzone = Pelagial
- Uferbereich = Litoral
- Tiefenbereich = Profundal
- euphotische Zone = belichtet, Fotosynthese
- aphotische Zone = dunkel, keine Fotosynthese

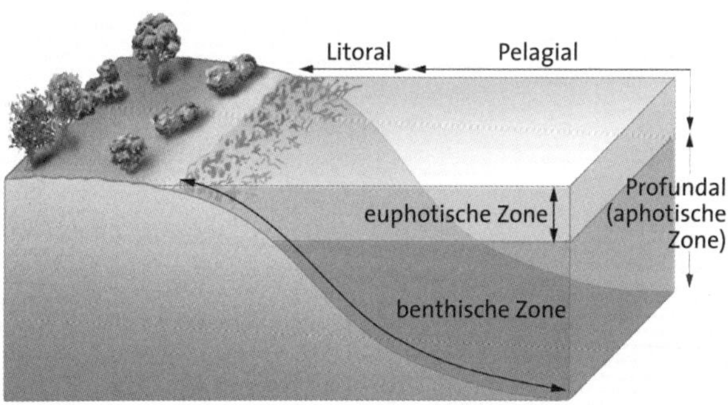

8

Normalerweise ist der Uferbereich eines Sees von einer mehr oder weniger dichten Vegetation bedeckt, die in typischen Vegetationszonen bzw. Gürteln ausgebildet ist. Hierbei wird unterschieden zwischen folgenden Zonen:

- **Tauchblatt-Zone** mit stets untergetaucht lebenden Pflanzen,
- **Schwimmblatt-Zone** mit Pflanzen, deren Blätter der Wasseroberfläche aufliegen (z. B. Seerose, Laichkraut-Arten),
- **Röhricht-Zone** mit Pflanzen, die in den Luftraum ragen, mit ihren Wurzeln aber tief in den Seeboden eindringen,
- **Erlen-Zone** mit randlichen Weidenbüschen, in waldfreien Gebieten z. B. Seggenriede und Feuchtwiesen.

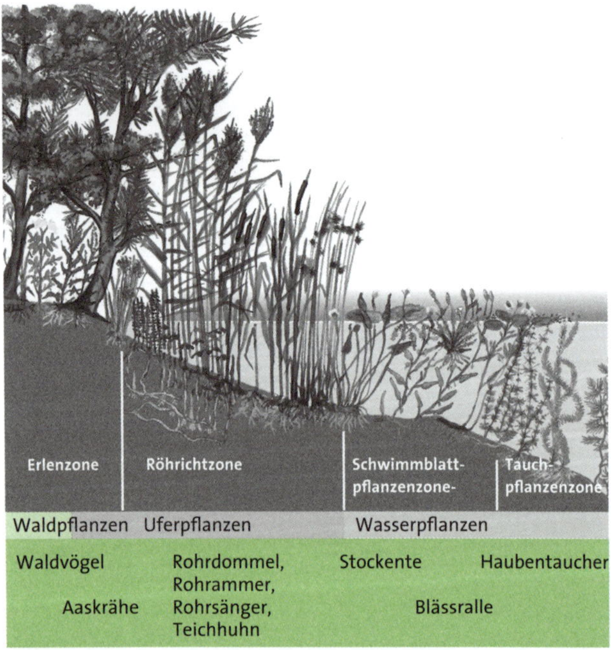

Vegetationsgürtel am Seeufer

8.3 Populationsökologie

Population

Bezeichnung für alle Individuen einer Art, die in einem abgegrenzten Gebiet leben. Wichtige Parameter sind:
- Häufigkeit der Individuen (Populationsdichte),
- Verteilung der Individuen (räumlich und zeitlich),
- Zahlenverhältnis der Geschlechter,
- Zuwachsrate,
- Altersstruktur.

Die Populationsdichte ist von abiotischen und biotischen Faktoren abhängig. Ein bestimmter Lebensraum fasst eine bestimmte maximale Individuenzahl **(Umweltkapazität K)**.

Das Wachstum einer Population ist von der Fortpflanzungsweise abhängig. Entscheidend sind die Geburtenrate (Natalität) und die Sterberate (Mortalität). Die Differenz bestimmt das Populationswachstum.

Exponenzielles Wachstum einer Population

$$\frac{dN}{dt} = r \cdot N$$

N = Individuenzahl; t = Zeit
r = Wachstumsrate

Die Zunahme der Individuenzahl ist proportional der Individuenzahl und der Zuwachsrate (e-Funktion).

Mit zunehmender Individuenzahl wächst die Mortalitätsrate immer mehr an, bis die Mortalität und die Natalität sich die Waage halten. Dieser Wert entspricht der Umweltkapazität K, dem maximalen Fassungsvermögen der gegebenen Umwelt. Daraus ergibt sich, dass die Population nur solange wachsen kann wie zwischen der erreichten Individuenzahl N und der Umweltkapazität eine Differenz besteht.

Logistisches Wachstum einer Population

$$\frac{dN}{dt} = r \cdot N \cdot \left(\frac{K-N}{K}\right)$$

N = Individuenzahl;
t = Zeit,
K = Umweltkapazität, d. h. das maximale Fassungsvermögen der gegebenen Umwelt für eine bestimmte Art.
r = Wachstumsrate

Die Gesamtheit der wachstumshemmenden Faktoren wird Umweltwiderstand genannt. Nach der Vorstellung des logistischen Wachstumsmodells nähern sich Populationen ihrem Kapazitätsniveau gleichmäßig an. In den meisten natürlichen Populationen wirken jedoch Regulationsmechanismen mit einer zeitlichen Verzögerung. Das bedeutet, dass es häufig zunächst zu einem Überschreiten des ökologischen Fassungsvermögens kommt. Entsprechend heftig fällt dann die Regulation aus, sodass die Kapazitätsgrenze anschließend deutlich unterschritten wird. So kann man bei vielen Populationen mehr oder weniger regelmäßige Schwankungen der Populationsdichte beobachten.

Strategien in Populationen

Populationsbiologen unterscheiden zwei unterschiedliche, durch Übergänge verbundene Strategien von Populationen:
Vermehrungsstrategie (r-Strategie): Es wird ein sehr großer Überschuss von Nachkommen erzeugt.
Anpassungsstrategie (K-Strategie): Es werden nur wenige Nachkommen erzeugt, für die jedoch optimal gesorgt wird.

Merkmale	r-Strategen	K-Strategen
Lebensdauer	kurz	lang
Individualentwicklung	schnell	langsam
Vermehrungsrate	hoch	niedrig
Nachkommenzahl	viele	wenige
elterliche Fürsorge	gering, keine	ausgeprägt
Sterberate	hoch	niedrig
Umweltbedingungen	wechselhaft	konstant
Populationsgröße	stark schwankend	konstant, nahe K
innerartliche Konkurrenz	schwach, unregelmäßig	stark
Beispiele	Feldmäuse, Hasen, viele Insekten, Kleinkrebse, einjährige Pflanzen	Wale, Elefanten, Primaten, Mensch, Bäume, Sonderfall: soziale Insekten

Altersstruktur von Populationen

Populationen können einen unterschiedlichen Altersaufbau haben, d. h. das Zahlenverhältnis der Individuen verschiedener Altersstufen bzw. Entwicklungsstadien kann unterschiedlich sein. Dies lässt sich grafisch darstellen: Stark wachsende Populationen haben in der Regel eine pyramidenförmige Altersstruktur, Populationen im Gleichgewicht eher eine glockenförmige, Populationen, deren Individuenzahl zurückgeht eine urnenförmige.

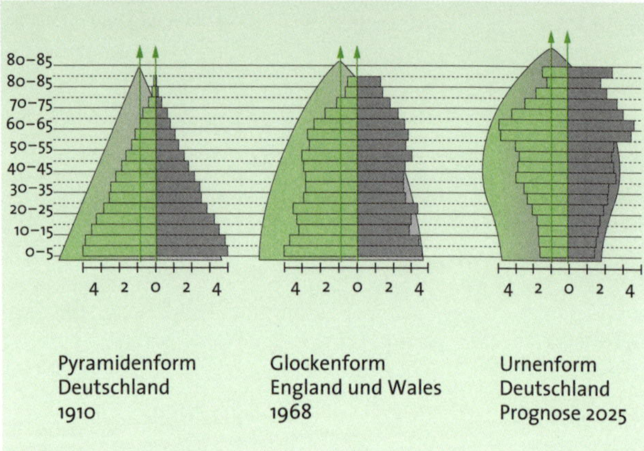

Altersstruktur von Populationen

Die Populationsdichte wird von Umweltfaktoren, insbesondere dem Angebot an Nahrung (bottom-up-Regulation) und der Einwirkung von Fressfeinden reguliert (top-down-Regulation).
Beispiel: Die Abhängigkeit von Luchs und Schneeschuhhase in Kanada. Die Bestände der Populationen können anhand der abgelieferten und seit 1800 registrierten Felle weit zurückverfolgt werden. Es zeigte sich, dass in einem Abstand von etwa zehn Jahren besonders viele Luchsfelle abgeliefert wurden und es etwa zwei Jahre vor den Luchsen zu einer Häufung der Felle der Schneeschuhhasen, der Hauptbeute des Luchses, kam.

Die wechselseitigen Beziehungen von Beute und Beutegreifern werden durch die **Lotka-Volterra-Regeln** beschrieben. Diese Regeln sind jedoch Idealisierungen, die den komplexen Beziehungsgefügen natürlicher Populationen meist nicht gerecht werden. So ist bei der Schneeschuhhasen-Luchs-Beziehung bis heute der etwa zehnjährige Rhythmus der Hasenpopulation nicht vollständig aufgeklärt. Sicher ist jedoch, dass dabei nicht nur das Nahrungsangebot für die Hasen, sondern auch weitere Beutegreifer und Stress durch Überbevölkerung eine Rolle spielen. Die Lotka-Volterra-Regeln machen folgende Aussagen:

- Die Populationsdichten von Beute und Beutegreifern schwanken periodisch und zeitlich gegeneinander verschoben.
- Die Dichte jeder Population schwankt um einen Mittelwert.
- Eine Erhöhung der Beutedichte bewirkt eine Zunahme der Beutegreifer. Nach einer gleichstarken Verminderung beider Arten erholt sich die Population der Beute schneller als die des Beutegreifers.

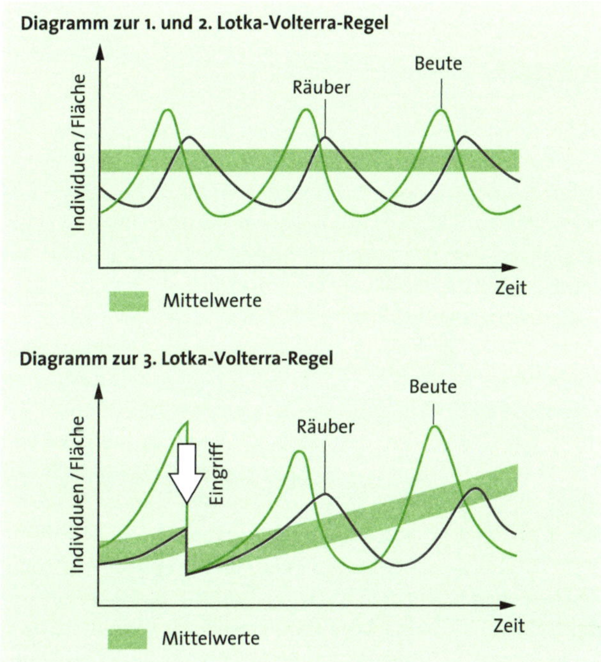

Lotka-Volterra-Regeln

8.4 Mensch und Biosphäre

Entwicklung der Weltbevölkerung

Für die nachhaltige Entwicklung der Biosphäre ist eine Stabilisierung der menschlichen Population auf einem nicht zu hohen Niveau unbedingt erforderlich. Man vermutet, dass gegen Ende des Jahrhunderts mit elf Milliarden ein Maximum erreicht ist. Es wird jedoch kontrovers diskutiert, ob nicht schon vorher durch katastrophale Entwicklungen ein Ende des Bevölkerungswachstums herbeigeführt wird.

Rohstoffe

Nicht erneuerbare Rohstoffe in Form von Bodenschätzen wie Erz, Kohle, Erdöl oder Erdgas werden in nicht allzu ferner Zukunft erschöpft sein. Doch nicht nur aus diesem Grund ist ein sparsamer Umgang mit diesen Ressourcen unbedingt erforderlich. Die Verbrennung fossiler Energieträger erhöht den CO_2-Gehalt der Atmosphäre und bewirkt dadurch einen Klimawandel, der eventuell zu Katastrophen führen kann.

Deshalb ist die Verwendung regenerativer Energiequellen unbedingt erforderlich. Neben der direkten und indirekten (Wind, Wasser) Nutzung der Sonnenenergie ist unter bestimmten Voraussetzungen auch die verstärkte Nutzung von Biomasse eine Lösungsmöglichkeit (vgl. S. 189).

Bewirtschaftung von Land und Meeren

Intensive Land- und Meerbewirtschaftung kann viele ungünstige Nebeneffekte haben:

- **Pestizide:** Schädlingsbekämpfungsmittel können sich in Nahrungsketten anreichern und zu erheblichen Zerstörungen und zu Gefährdungen der Menschen führen.

- **Überdüngung:** Überschüssige Düngemittel schädigen vor allem Gewässer (und Atmosphäre).
- **Erosion**: Unsachgemäß betriebener Ackerbau und Viehzucht können zur Vernichtung von Böden führen, insbesondere wenn steile Hänge bearbeitet werden (Wassererosion). Dadurch, dass nach der Ernte unbewachsene Bodenflächen entstehen, kann vor allem in Gebieten mit Trockenzeiten auch Winderosion die Böden abtragen.
- **Fischfang**: Durch Einsatz moderner Techniken (z. B. Treibnetze, Radar und Echolot) wurde die Meeresnutzung enorm intensiviert. Es werden dadurch auch viele Tiere gefangen, die gar nicht verwertet werden (z. B. Wale, Delfine, Haie, Schildkröten, Seevögel). Durch gezielte Aquakulturen könnte man die Nachhaltigkeit der Meereserträge steigern. Doch ist auch hier – wie bei der intensiven Bewirtschaftung des Festlands – mit Problemen durch Überdüngung und Pestizideinsatz zu rechnen. Außerdem können durch Faunenverfälschungen erhebliche Schäden hervorgerufen werden.

Belastungen von Luft, Wasser und Boden

Luft

Die Luft wird belastet durch:

- Lachgas (N_2O) und Fluorchlorkohlenwasserstoffe (FCKWs), die zur Zerstörung der Ozonschicht in der unteren Stratosphäre, in 20 bis 30 km Höhe, beitragen.
- Treibhausgase (Methan, CO_2, Lachgas N_2O), die zur Erwärmung der Erdatmosphäre führen,
- feste, flüssige oder gasförmige Schadstoffe aus industrieller Produktion, die zu Gesundheitsgefährdung z. B. durch Smog führen (Feinstaubproblematik),
- Ozonbildung in bodennahen Luftschichten durch Emissionen von Verbrennungsmotoren, insbesondere NO und NO_2.

Wasser

Wasser – vor allem Süßwasser – wird mit Schmutz und Schadstoffen häufig so stark angereichert, dass seine natürliche Reinigungskapazität nicht ausreicht, um wieder Trinkwasserqualität zu erreichen. Derzeit reicht die Kapazität der Kläranlagen bei weitem noch nicht aus, um dies auszugleichen.

Boden

Boden ist als Rohstoffspeicher ein wichtiger Bestandteil aller Stoffkreisläufe. Seine Entwicklung ist durch viele menschliche Aktivitäten gefährdet, insbesondere durch intensive Landbewirtschaftung, Erosion, Bodenverdichtung, Überdüngung und Schadstoffbelastung. In Ballungsräumen gehen große Anteile der Bodenflächen durch Versiegelung verloren.

Abfall und Recycling

Für die Lebewesen und für die gesamte Biosphäre sind Stoffkreisläufe charakteristisch, d. h. Prozesse, bei denen ein Großteil der Ausgangsstoffe wieder zurückgewonnen wird. In der menschlichen Wirtschaft haben solche Prozesse noch nicht den Stellenwert, den sie haben müssten, um eine nachhaltige Produktion zu gewährleisten.

Formen der Abfallbehandlung

- **Deponieren**: Gefahr für Grundwasser und Atmosphäre, Geruchsbelästigung, Landschaftsverbrauch
- **Kompostieren**: Probleme wegen enthaltener Schadstoffe
- **Biogasgewinnung** durch anaerobe Fermentation
- **Müllverbrennung**: Bei 800–1000 °C werden das Müllvolumen um 90% und die Masse um 60% reduziert. Abgase werden weitgehend gereinigt, doch die festen Reste zeigen eine hohe Schadstoffbelastung (Sondermüll). Günstiger könnte Verbrennung bei tieferen Temperaturen sein.

Hinsichtlich des Umgangs mit Abfällen gilt daher die Rangfolge: **Vermeidung vor Verwertung vor Beseitigung.**

Die zurzeit beste Lösung für das Abfallproblem besteht in

- der Wiederverwendung
- der Verwendung nachwachsender Rohstoffquellen,
- der Verwendung biologisch leicht abbaubarer Kunststoffe,
- dem Einsatz neuer Mikroorganismen zum Abbau,
- dem Einsatz moderner Verfahren zur Müllreduzierung.

8.5 Natur- und Umweltschutz

Schutz der Lebensräume und der Artenvielfalt

Die Vielfalt der Ökosysteme, die Artenvielfalt und die Vielfalt der genetischen Informationen, die in den Arten enthalten sind, werden durch den Menschen gefährdet. Dies ist auch für die menschliche Population bedrohlich.

Die Veränderung oder teilweise Zerstörung eines Lebensraums ist oft der Hauptgrund für den Rückgang der Tier- und Pflanzenarten. Um der dramatischen Verarmung der biologischen Vielfalt und der Belastung der Umwelt Einhalt zu gebieten, wurden nationale Natur- und Umweltschutzgesetze und internationale Konventionen und Übereinkommen getroffen.

Naturschutz in Deutschland

In Deutschland wird der Naturschutz durch das **Bundesnaturschutzgesetz**, ergänzt durch die **Landesnaturschutzgesetze**, geregelt. Ziel ist es, die einheimischen Tier- und Pflanzenarten und ihre Lebensräume zu stärken, indem bundesweit ein geschützter Biotopverbund von mindestens 10 % der Landesfläche hergestellt wird. Das **Bundesamt für Naturschutz** übernimmt auf Bundesebene die fachliche und wissenschaftliche Beratung des Bundesumweltministeriums. Eine wesentliche Grundlage für den **Artenschutz** in Deutschland ist die „Rote Liste der gefährdeten Tiere und Pflanzen Deutschlands", in der ausgestorbene, vom Aussterben bedrohte, stark gefährdete sowie potenziell gefährdete Arten aufgeführt sind.

Schutzgebiete in Deutschland

Es gibt verschiedene Schutzkategorien mit unterschiedlicher Zielsetzung, um Flächen für den Naturschutz zu sichern:

- **Naturschutzgebiete:** besonders streng geschützte Lebensgemeinschaften oder Lebensräume,
- **Nationalparke:** großräumige Schutzgebiete. Sie umfassen mindestens 10 000 ha weitgehend naturnaher Landschaft,
- **Biosphärenreservate:** global gesehen für die Biodiversität wichtige, von Menschen genutzte Landschaften,
- **Landschaftsschutzgebiete und Naturparke:** Schutzgebietstypen mit geringerem Schutzstatus,
- **Naturdenkmale:** kleinräumige Schutzgebiete oder geschützte Einzelobjekte (z. B. Bäume).

Die meisten Naturschutzprobleme machen an Ländergrenzen nicht halt, deshalb ist internationale Zusammmenarbeit wichtig. Einige wichtige global zu beachtende Punkte sind:

- Schlüsselarten, die für Ökosysteme von besonderer Bedeutung sind, müssen vorrangig geschützt werden.
- Saumbiotope und Grenzen bzw. Übergänge zwischen Ökosystemen (**Ökotone**) sind in der Regel besonders artenreich und deshalb schützenswert.
- Naturreservate müssen groß genug und von Pufferzonen umgeben sein (**zonierte Schutzgebiete**).

Internationale Natur- und Artenschutzabkommen

Abkommen	Inhalt
Ramsar-Konvention (1971)	Schutz von Feuchtgebieten internationaler Bedeutung als Lebensräume bedrohter Vogelarten
Washingtoner Artenschutzübereinkommen (WA, 1973)	Regulierung des Handels mit gefährdeten frei lebenden Tieren und Pflanzen
Berner Konvention (1979)	Übereinkommen über die Erhaltung der europäischen Pflanzen und Tiere und ihrer natürlichen Lebensräume
Bonner Konvention (1979)	Erhaltung wandernder wild lebender Tiere
EU-Vogelschutzrichtlinie (SPA = Special Protected Areas, 1979)	Erhaltung wild lebender Vogelarten innerhalb der EU
Biodiversitätskonvention (Rio de Janeiro, 1992 und im Zweijahresrhythmus folgende Vertragsstaatenkonferenzen)	Globaler Schutz der biologischen Vielfalt (Agenda 21), bisher (2016) 196 Mitglieder, 168 Ratifizierungen
Fauna-Flora-Habitat-Richtlinie der EU (FFH-RL, 1992)	Erhaltung natürlicher Lebensräume wild lebender Tiere und Pflanzen in der EU
Natura 2000 (1998)	Europäisches Schutzgebietssystem auf der Grundlage von SPA und FFH-RL
UN-Dekade der Biodiversität 2011–2020	Programm zum weltweiten Schutz biologischer Vielfalt

Natürlicher Treibhauseffekt

Ohne die Gashülle der Atmosphäre würde die Oberflächentemperatur der Erde etwa bei −18 °C liegen. Tatsächlich beträgt sie derzeit jedoch durchschnittlich +15 °C. Verantwortlich dafür sind die Gasmoleküle der Atmosphäre, die einen Großteil des sichtbaren Sonnenlichtes passieren lassen, die von der Erde abgegebene Wärmestrahlung aber zum Teil absorbieren oder reflektieren – ähnlich wie die Glasscheiben eines Gewächshauses oder eines Frühbeetes.
Man spricht deshalb vom natürlichen „Treibhauseffekt" und nennt die verantwortlichen Gase in der Atmosphäre auch „Treibhausgase".

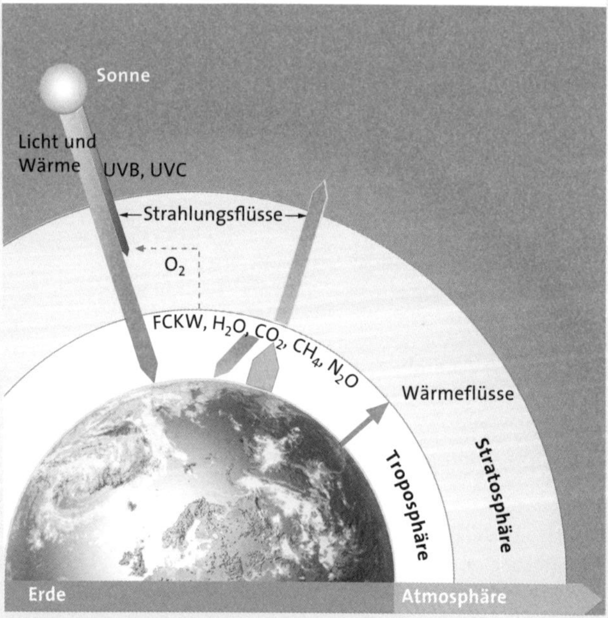

Das wichtigste klimarelevante Gas ist Wasserdampf (H_2O), außerdem wirken sich vor allem folgende, durch menschliche Aktivitäten vermehrte Gase aus:	
Kohlenstoffdioxid (CO_2)	aus fossilen Brennstoffen, v.a. Erdöl, Erdgas und Kohle
Methan (CH_4)	aus Massentierhaltung, Reisanbau, Mülldeponien
Chlorfluormethane (CFM) und Fluorchlorkohlenwasserstoffe (FCKW)	von Menschen künstlich erzeugt
Distickstoffoxid („Lachgas", N_2O)	aus intensiver Landwirtschaft, Überdüngung
Ozon (O_3)	durch fotochemische Reaktionen der Kraftfahrzeugabgase

Auswirkungen der klimarelevanten Spurengase

Die Atmosphäre und Erdoberfläche erwärmen sich umso mehr, je höher der Gehalt an klimawirksamen Gasen ist. Entscheidend für die Zunahme des CO_2-Gehalts und auch einiger anderer Treibhausgase ist das Verbrennen fossiler Energieträger. Hochrechnungen sagen voraus, dass sich das Erdklima um über 6 °C erwärmen wird, wenn alle derzeit bekannten fossilen Energieträger verbrannt werden.

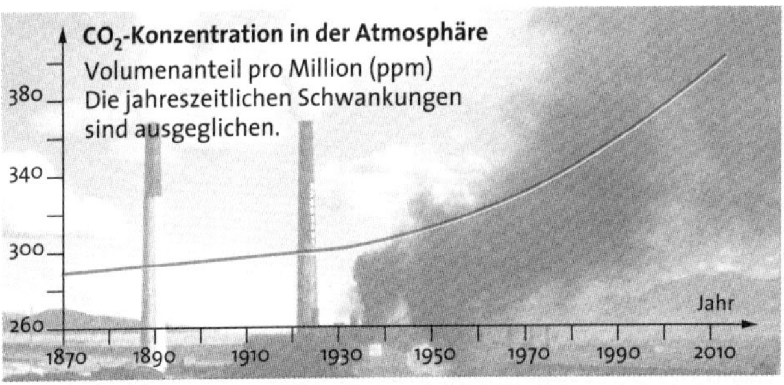

8

Notwendiger Verzicht auf fossile Energieträger

Durch einen sparsamen Umgang mit Erdöl, Erdgas und Kohle kann man diesen Vorgang zwar hinauszögern und die katastrophalen Auswirkungen etwas mindern. Auf der Weltklimakonferenz 2015 in Paris wurde als Ziel festgeschrieben, die globale Erwärmung auf weniger als 2 Grad über dem vorindustriellen Niveau zu begrenzen. Eine darüber hinausgehende deutliche Klimaänderung kann aber vermutlich nur erreicht werden durch

- Verzicht auf fossile Energieträger und
- ausschließliche Nutzung regenerativer Energien.

Weil die Emissionen in den letzten Jahren jedoch ungebrochen weiter angestiegen sind, wird die Erreichbarkeit des 2-Grad-Ziels von vielen Experten skeptisch beurteilt.

Nachhaltige Entwicklung

Eine nachhaltige Entwicklung hat das Ziel, den Bedürfnissen der heute lebenden Generation zu entsprechen, ohne die Möglichkeiten künftiger Generationen zu gefährden und vergleichbare oder sogar bessere Lebensbedingungen auf der Erde zu sichern. Dabei müssen zahlreiche Gesichtspunkte bedacht werden, z. B.:

- **ökologische Aspekte:** Klimaschutz, Erhalt der Biodiversität, Energieeffizienz, Verwendung erneuerbarer Energien, Klimaschutz, Ressourcenschonung
- **wirtschaftliche Aspekte:** finanzpolitische Stabilität, Förderung umweltverträglicher Produkte, Umdenken im Konsumverhalten und im Lebensstil, fairer Handel
- **soziale Aspekte:** Ausbau sozialer Sicherungssysteme, Generationengerechtigkeit, Vorbeugung von Armut und sozialer Ausgrenzung, Förderung einer demokratischen Gesellschaft, Bildungs- und Chancengerechtigkeit

Biodiesel & Co.

- Die Idee ist einleuchtend: Pflanzliche Biomasse setzt beim Verbrennen so viel Kohlenstoffdioxid frei, wie sie zuvor bei ihrer Bildung aufgenommen hat. Agrartreibstoffe sind deshalb CO_2-neutral. In der praktischen Umsetzung ergibt sich jedoch v. a. dann eine sehr schlechte Bilanz, wenn ein natürliches Ökosystem zur Anpflanzung eines Biomasseproduzenten genutzt wird, z. B. Zuckerrohr oder Ölpalmen. So würde es z. T. Jahrhunderte dauern, bis das durch Rodung und Inkulturnahme freigesetzte CO_2 wieder eingespart würde, denn aus den entwässerten und umgebrochenen Böden entweicht auf einmal sehr viel CO_2.

Zeitdauer zum Ausgleich der CO_2-Bilanz:	
Sojatreibstoff aus Brasilien	319 Jahre
Palmöltreibstoff aus Südostasien	423 Jahre

(Quelle: *Science* 319 [2008] S. 1235)

- Wenn Biokraftstoffe auf bestehendem Ackerland erzeugt werden, sieht die Bilanz wesentlich günstiger aus: Um aber nur 10 % des Energiebedarfs der USA oder der Europäischen Union auf diese Weise zu decken, müssten 40 % der Ackerflächen für den Anbau von „Energiepflanzen“ genutzt werden. Schon heute konkurrieren v. a. in Agrarländern der dritten Welt Spritplantagen mit der Lebensmittelproduktion. Dabei geht es nicht nur um Anbauflächen, sondern auch um kostbares Wasser.

1 Der Prüfungsstoff

Evolution

Stammesgeschichte
- Lebensentstehung
- Artbegriff ↑ S. 117, 122
- Verwandtschaft und Systematik ↑ S. 122 ff.
- Cladistik ↑ S. 125 ff.
- molekulare Evolutionsforschung ↑ S. 136 f.

Evolution des Menschen
- Verwandtschaft mit Menschenaffen ↑ S. 131 f.
- Kulturevolution ↑ S. 135
- Fossilfunde und ihre Deutung ↑ S. 133 ff.
- Forschungsmethoden ↑ S. 132

Kreationismus und Intelligent Design
- Naturwissenschaft und Religion
- Hypothesenbildung ↑ S. 114 ff.
- Deduktion ↑ S. 114 ff.

Evolutionstheorien, Evolutionsfaktoren
- Vergleich von Lamarckismus und Darwinismus ↑ S. 173 f.
- Synthetische Theorie ↑ S. 116 ff.
- Isolationsmechanismen ↑ S. 117 f.
- Wirkung der Selektion ↑ S. 113 f., S. 116 ff.
- Mikro- und Makroevolution ↑ S. 122 ff.
- Symbiogenese ↑ S. 119 ff.

Ökologie und Nachhaltigkeit

Populationsökologie
- Populationswachstum ↑ S. 17, S. 5 f.
- Räuber-Beute-Beziehung ↑ S. 78 f.

Gliederung der Biosphäre
- Biome, Ökosysteme ↑ S. 67–169
- Ökosystem See ↑ S. 170 ff.
- Ökosystem Wald

Ökologische Faktoren
- Umweltfaktor Licht ↑ S. 157
- Schattenpflanzen und Sonnenpflanzen
- Fotosynthesespezialisten
- Umweltfaktor Wasser ↑ S. 157
- Zeigerorganismen ↑ S. 159
- Toleranzbereich ↑ S. 158
- Analyse des Konkurrenzverhaltens ↑ S. 158 f.

Mensch und Biosphäre
- Bodenerosion ↑ S. 182
- Bedrohung der Biodiversität ↑ S. 183 ff.
- Klimawandel ↑ S. 186 ff.
- Rohstoff- und Energiemangel ↑ S. 180
- Wasserverschmutzung und -klärung ↑ S. 182, 170 ff.

Stoffkreisläufe und Energieflüsse
- Produzenten, Konsumenten, Destruenten ↑ S. 163 ff.
- Trophieebenen ↑ S. 165
- Nahrungsketten, Nahrungsnetze ↑ S. 165–168
- Stickstoffkreislauf ↑ S. 166 f., 32 f.
- Luftstickstoffassimilation ↑ S. 32 f.
- Kohlenstoffkreislauf ↑ S. 165 ff.

Was kann drankommen?

Struktur und Funktion

Zellen, Gewebe, Organe
- Struktur und Funktion von Zellorganellen ↑ S. 8 ff.
- Einzeller/Vielzeller ↑ S. 15
- Differenzierung ↑ S. 13–17
- Bedeutung von Homöobox-Genen für die Entwicklung ↑ S. 85
- Organbildung ↑ S. 84
- Struktur und Funktion von Organen am Beispiel von Herz und Blutkreislauf ↑ S. 41–43

Kommunikation, Informationsverarbeitung
- Erregung von Nerven und Muskeln, Erregungsleitung, Synapsen ↑ S. 47 ff.
- Zusammenwirken von Nervensystem und Hormonsystem am Beispiel der Schilddrüse ↑ S. 72
- Aufnahme optischer Reize in der Netzhaut ↑ S. 59 ff.
- Aufbau des Gehirns und seine Funktionen ↑ S. 63 ff.
- Antagonismus von Sympathikus und Parasympathikus ↑ S. 62
- Angepasstheit des Verhaltens ↑ S. 147 ff.

Biotechnologie
- Gentechnik ↑ S. 103 ff.
- Herstellung einer transgenen Kulturpflanze ↑ S. 106
- genetischer Fingerabdruck ↑ S. 103–105
- Reproduktionstechnologie ↑ S. 86
- therapeutisches Klonen
- Bioreaktoren
- Kläranlagen

Biomoleküle
- Proteine, Kohlenhydrate, Lipide, Nucleinsäuren ↑ S. 6
- Zusammenhang von molekularem Aufbau und Funktion von Biomembranen
- Diffusion, Osmose, aktiver und passiver Transport ↑ S. 7
- Signalrezeptoren ↑ S. 52
- Transkriptionsfaktoren ↑ S. 93 f.
- Prionen als besondere Proteinmoleküle ↑ S. 13

Genetik
- Vererbung, Vererbungsregeln ↑ S. 97 ff.
- Nucleinsäuren, Replikation ↑ S. 88 ff.
- Proteinbiosynthese ↑ S. 91 f.
- Regulation der Genaktivität ↑ S. 92 ff.

Stoff- und Energiewechsel
- Enzymatik ↑ S. 20 ff.
- Fotosynthese ↑ S. 24 ff.
- Chemosynthese ↑ S. 31
- Dissimilation ↑ S. 28 ff.
- Gärungen ↑ S. 31
- Autotrophie und Heterotrophie ↑ S. 18 f.
- Verdauung ↑ S. 38 f.
- Atmung und Blutkreislauf ↑ S. 40 ff.
- Kreislaufsysteme der Wirbeltiere ↑ S. 42
- Exkretionssysteme ↑ S. 44 f.

2 Die Klausur

2.1 Inhalt und Aufbau einer Klausur

Trotz erheblicher Unterschiede in den verschiedenen Bundesländern kann man einige allgemeingültige Regeln angeben. Die Klausuren und die schriftliche Abiturprüfung im Unterrichtsfach Biologie

- beziehen sich sowohl auf fachliche Inhalte als auch auf fachliche Qualifikationen,
- bestehen aus mehreren Aufgaben, die sich i. d. R. auf beigegebene Arbeitsmaterialien wie Texte, Abbildungen, Grafiken oder Tabellen beziehen.

Den Aufgaben lassen sich **drei Anforderungsbereiche (AFB),** zuordnen, denen bestimmte Arbeitsanweisungen (Operatoren) entsprechen. Sie unterscheiden sich hinsichtlich der erreichbaren Punkte. Einen Schwerpunkt bilden die Aufgaben des Anforderungsbereiches II, in dem die Reorganisation und der Transfer biologischen Wissens gefordert werden. In diesem AFB können die meisten Punkte erzielt werden.

Anforderungsbereich	Bedeutung	Anteil an der Bewertung
AFB I: Reproduktion	Wiedergeben, Beschreiben, Aufzählen u. a.	20–30%
AFB II: Reorganisation und Transfer	Selbstständiges Anwenden von Sachverhalten in neuen Zusammenhängen u. a.	40–65%
AFB III: Reflexion und Problemlösung	Komplexe Gegebenheiten verarbeiten, wobei eigene Urteilsfähigkeit wesentlich ist u. a.	15–30%

2.2 Die Operatoren

Für die Lösung einer Aufgabe ist es wichtig, schnell den Schwierigkeitsgrad beurteilen zu können. Dies gelingt, wenn man die genauen Formulierungen der **Arbeitsanweisungen,** die sog. Operatoren, beachtet. An den in der Aufgabenstellung verwendeten Operatoren lässt sich in vielen Fällen mehr oder weniger eindeutig erkennen, welchem der drei unterschiedlichen Anforderungsbereiche die Aufgabe zuzuordnen ist.

Bei einer ganzen Reihe von Operatoren ist diese Zuordnung allerdings nicht eindeutig und hängt von der Gesamtformulierung der Aufgabe ab. Dies gilt z. B. für „Beschreiben" und „Skizzieren" (jeweils I oder II) oder für „Erklären" und „Interpretieren" (II oder III).

Überwiegend Anforderungsbereich I

Operator	Bedeutung
Nennen Sie ... / Geben Sie an ... / Formulieren Sie ... / Bezeichnen Sie ... / Beschreiben Sie ... / Stellen Sie dar ...	Informationen aus dem Material oder dem eigenen Wissen ohne weitergehende Erläuterungen, aber unter Verwendung der Fachsprache strukturiert wiedergeben
Dokumentieren Sie ...	Einen Sachverhalt oder eine Problemlösung in sprachlicher, bildlicher oder anderer Form festhalten
Beschriften Sie ...	Zeichnungen und andere grafische Darstellungen mit Fachbegriffen beschriften
Skizzieren Sie ...	Sachverhalte, Strukturen oder Ergebnisse auf das Wesentliche reduzieren und dabei in Textform und/oder Grafik darstellen

Überwiegend Anforderungsbereich II

Operator	Bedeutung
Zeichnen Sie … / Stellen Sie grafisch dar …	Sachverhalte, Beobachtungen, bildhafte Darstellungen, Ergebnisse, Messwerte u. Ä. übersichtlich darstellen
Fassen Sie zusammen …	Das Wesentliche eines vorgegebenen Sachverhalts fachsprachlich korrekt in knapper Form wiedergeben
Erläutern Sie …	Mit zusätzlichen Informationen einen Sachverhalt veranschaulichen
Erklären Sie …	Einen Sachverhalt oder ein Phänomen mithilfe eigener Kenntnisse in einen Kausalzusammenhang einordnen und verständlich darstellen
Untersuchen Sie … / Beobachten Sie …	Sachverhalte, Eigenschaften, Beziehungen und Abfolgen von Ereignissen ggf. mit Hilfsmitteln (z. B. Mikroskop) und praktischen Arbeiten in ihrer Eigenart identifizieren und beschreiben
Vergleichen Sie … / Stellen Sie gegenüber …	Nach vorgegebenen oder selbst gewählten Gesichtspunkten Objekte, Sachverhalte, Ergebnisse usw. gegenüberstellen, um Gemeinsamkeiten und Unterschiede herauszufinden
Bestimmen Sie …	Biologische Systeme aufgrund bestimmter Merkmale identifizieren
Analysieren Sie … / Leiten Sie ab …	Aus dem Material unter gezielter Fragestellung Zusammenhänge, Strukturmerkmale oder Schlussfolgerungen erarbeiten
Bestätigen Sie …	Die Gültigkeit einer Aussage, einer Modellvorstellung oder einer Hypothese durch Experiment abklären

Überwiegend Anforderungsbereich III

Operator	Bedeutung
Begründen Sie ...	Sachverhalte auf Regeln, Gesetzmäßigkeiten und Kausalzusammenhänge zurückführen
Interpretieren Sie ... / Deuten Sie ...	Sachverhalte oder Versuchsergebnisse erklären und abwägend darstellen
Entwickeln Sie ...	Auf der Grundlage von Beobachtungen oder Untersuchungsergebnissen Aussagen formulieren
Erörtern Sie ... / Diskutieren Sie ... / Beurteilen Sie ... / Nehmen Sie Stellung ... / Bewerten Sie ... / Überprüfen Sie ...	Sachverhalte, Ergebnisse, Methoden oder Hypothesen argumentativ überprüfen, in Beziehung zu anderen Sachverhalten setzen und mithilfe von Pro- und-Kontra-Argumenten nach begründeten Kriterien bewerten
Stellen Sie eine Hypothese auf ...	Eine Voraussage über einen Kausalzusammenhang, den Verlauf eines Experimentes oder das Ergebnis einer empirischen Untersuchung machen
Planen Sie ein Experiment ...	Darstellen, wie eine Hypothese experimentell überprüft werden könnte
Sagen Sie voraus ...	Auf der Grundlage von Beobachtungen, Untersuchungen oder Ergebnissen von Experimenten Voraussagen über den möglichen Ablauf von Ereignissen machen

3 Thematische Prüfungsaufgaben

Im folgenden Kapitel sind zu den verschiedenen Unterrichtsthemen Prüfungsaufgaben von unterschiedlichem Schwierigkeitsgrad (↑S. 192 f.) zusammengestellt. Sie dienen der gezielten Vorbereitung und insbesondere dem Umgang mit fachtypischen Klausurformulierungen, den Operatoren (↑S. 193 ff.).

Seitenverweise geben, sofern möglich, Hinweise zu den Lösungen, die hier nicht dargestellt werden. Vollständige Musterlösungen von Aufgaben sind bei den Online-Klausuren zu finden.

3.1 Prüfungsaufgaben zu Grundbausteinen des Lebens

Anforderungsbereich I

- Nennen Sie sechs chemische Elemente, die beim Aufbau der Lebewesen eine besonders wichtige Rolle spielen. (↑S. 6)
- Nennen Sie Klassen organisch-chemischer Verbindungen, die für den Aufbau von Lebewesen typisch sind. (↑S. 6)
- Geben Sie an, wie es zu der spezifischen räumlichen Struktur eines Proteins kommt.
- Beschreiben Sie den Aufbau des Cytoskeletts eines Eucyten. (↑S. 8)
- Nennen Sie wesentliche Funktionen der Proteine im menschlichen Körper und geben Sie jeweils ein Beispiel an.
- Beschreiben Sie den Aufbau einer Biomembran. (↑S. 7 f.)
- Beschreiben Sie den Aufbau einer Bakteriengeißel und der Geißeln von Eucyten. (↑S. 8 f.)
- Beschriften Sie die Schemazeichnung einer Pflanzenzelle. (↑S. 10)
- Beschreiben Sie den Ablauf der Mitose. (↑S. 13 f.)

Anforderungsbereich II

- Erklären Sie, welche Rolle die Proteinmoleküle beim Aufbau von Biomembranen spielen. (↑S. 7f.)
- Erläutern Sie die Aufgaben der Biomembranen und geben Sie dazu einige Beispiele. (↑S. 7)
- Beschreiben Sie den Aufbau des Zellkerns und erläutern Sie die Funktion der verschiedenen Strukturen und Inhaltsstoffe. (↑S. 10)
- Erläutern Sie Bau und Funktionen des Endomembransystems von Eucyten. (↑S. 11)
- Vergleichen Sie eine Bakterienzelle mit einer tierischen Zelle. (↑S. 8–10)
- Erklären Sie die Bedeutung der Oberflächenvergrößerung am Beispiel der Chloroplasten und Mitochondrien. (↑S. 11)
- Erklären Sie, warum ausdifferenzierte Pflanzenzellen i.A. kein Streckungswachstum mehr haben können. (↑S. 11f.)
- Erklären Sie, warum bzw. auf welche Weise Prionen infektiös wirken können. (↑S. 13)
- Erläutern Sie den Unterschied zwischen Einzeller und Vielzeller. (↑S. 15)
- Zeichnen Sie einen Blattquerschnitt nach einem mikroskopischen Präparat und erläutern Sie die Struktur und Funktion der verschiedenen Gewebe. (↑S. 16f.)
- Beschreiben Sie und erklären Sie verschiedene Möglichkeiten der Musterbildung in Geweben. (↑S. 16)
- Ein Dattelkern besteht aus Zellen mit sehr dicken Wänden. Fertigen Sie einen Querschnitt an und mikroskopieren Sie das Dattelkerngewebe. Zeichnen Sie einige Zellen und erklären Sie, wie die Zellwände entstehen konnten und wie der Stoffaustausch von Zelle zu Zelle funktionieren kann. (↑S. 17)
- Vergleichen Sie die Zelldifferenzierung bei Pflanzen und Tieren. (↑S. 17)
- Erklären Sie, welche Rolle embryonale Stammzellen für den

Ersatz kranker Gewebe und Organe spielen könnten (therapeutisches Klonen). (↑S. 17)

Anforderungsbereich III

- Definieren Sie den Begriff „Lebewesen" und diskutieren Sie, inwieweit Viren als Lebewesen bezeichnet werden können. (↑S. 12f.)
- Früher unterschied man meistens nur 4 Mitosestadien. Erörtern Sie, warum es sinnvoll erscheint, die „Prometaphase" von der „Metaphase" als besonderes Stadium abzutrennen. (↑S. 14)
- Begründen Sie, warum jede Differenzierung inäquale Zellteilungen voraussetzt. (↑S. 15–17)
- Embryonale Stammzellen können zum therapeutischen Klonen genutzt werden. In Deutschland ist dies jedoch bisher verboten. Nehmen Sie Stellung zu dieser gesetzlichen Bestimmung. (↑S. 16)

3.2 Prüfungsaufgaben zu Stoffwechsel und Energieumsatz

Anforderungsbereich I

- Beschreiben Sie die Wirkungsweise eines Enzyms am Beispiel der Maltase. (↑S. 21)
- Beschreiben Sie den Aufbau eines Chloroplasten. (↑S. 25)
- Nennen Sie verschiedene Beispiele für exergone und endergone chemische Reaktionen. (↑S. 20f.)
- Nennen Sie die Teilprozesse (Reaktionsschritte) der Zellatmung. (↑S. 28)
- Nennen Sie Beispiele für die Nutzung der Milchsäuregärung. (↑S. 31)
- Stellen Sie dar, wie man die alkoholische Gärung von Hefepilzen in der Bäckerei nutzt. (↑S. 31)

- Beschreiben Sie den Aufbau eines Leitbündels einer bedecktsamigen Pflanze. (↑S. 35)
- Nennen Sie drei Beispiele für Pflanzen mit endosymbiotischen Luftstickstoff fixierenden Bakterien. (↑S. 32 f.)
- Beschreiben Sie Verdauung und Resorption als Teilprozesse der Nahrungsverarbeitung. (↑S. 38)
- Beschreiben Sie Aufbau und Funktion eines Fischherzens. (↑S. 42)

Anforderungsbereich II

- Vergleichen Sie Assimilation und Dissimilation. (↑S. 18 f.)
- Erläutern Sie am Beispiel der Hydrolyse von Saccharose, was man unter dem chemischen Gleichgewicht, der Gleichgewichtskonstanten und freier Energie bzw. freier Enthalpie einer chemischen Reaktion versteht. (↑S. 21)
- Skizzieren Sie ein Michaelis-Menten-Diagramm und erklären Sie daran die Kinetik einer enzymatischen Reaktion. (↑S. 22)
- Erklären Sie, warum Kühlung die Haltbarkeit von Lebensmitteln verlängert. (↑S. 22)
- Im Prospekt eines Obstbauern steht: „Die Äpfel verbrauchen Sauerstoff, dadurch senkt sich der Sauerstoffgehalt im Kühlraum (Kühltemperatur −0,2 bis 2,5 °C) und die Früchte versetzen sich selber in Tiefschlaf. Die Alterung wird über 90% reduziert.“ Erklären Sie, was hier mit „Tiefschlaf“ gemeint ist bzw. warum die Alterung verlangsamt wird.
- Geben Sie eine mögliche Erklärung dafür, dass Bananen, die Frost abbekommen haben, nach dem Auftauen ganz schnell dunkelbraun bis schwarz werden. (↑S. 22)
- Erklären Sie die Wirkungsweise des Antennenkomplexes (Light-Harvesting-Komplex, LHC) in den Thylakoidmembranen der Chloroplasten. (↑S. 25)
- Vergleichen Sie zyklische und nicht zyklische Fotophosphorylierung. (↑S. 26)

- Erläutern Sie die Bilanz des Calvin-Zyklus. (↑S. 27)
- Erklären Sie, warum man den Citratzyklus auch als „Drehscheibe des Intermeiärstoffwechsels“ bezeichnet. (↑S. 29)
- Vergleichen Sie die Energiebilanz von aerober Dissimilation und alkoholischer Gärung. (↑S. 31)
- Erklären Sie, warum man Hefeteig zum Gehen warm stellen sollte. (↑S. 31)
- Vergleichen Sie fotoautotrophe und chemoautotrophe Bakterien. (↑S. 31)
- Luftstickstoff assimilierende Cyanobakterien, z. B. die Gattung Nostoc, sollen zur sonnenabhängigen Wasserstoffproduktion eingesetzt werden. Geben Sie eine Erklärung. (↑S. 32 f.)
- Erklären Sie, warum die Wasserleitungsbahnen der Pflanzen stark verdickte Zellwände haben müssen, um ihre Funktion erfüllen zu können. (↑S. 34 f.)
- Erklären Sie den ähnlichen Aufbau von der Luftröhre bei Säugetieren (Trachea), den Tracheen der Insekten und den Tracheen der Pflanzen mit den besonderen Anforderungen, denen diese Strukturen gerecht werden müssen. (↑S. 35, 40 f.)
- Die Muskulatur der linken Herzkammer ist etwas kräftiger als die der rechten. Leiten Sie diesen Unterschied aus der Funktion des Herzmuskels ab. (↑S. 42 f.)
- Erläutern Sie, warum Leitgefäße bei der Pflanzen von einer interzellularenfreien Scheide aus Parenchym- oder Sklerenchymzellen umgeben sind. (↑S. 34 f.)
- Vergleichen Sie die Atmungsorgane Kiemen, Lungen und Tracheen im Hinblick auf Bau und Funktion. (↑S. 40 f.)
- Erklären Sie die Funktion von Taschenklappen und Segelklappen im Säugerherz. (↑S. 42 f.)
- Erklären Sie die Funktion eines Herzschrittmachers. (↑S. 43)
- Erläutern Sie, wie die Osmoregulation bei einem im Süßwasser lebenden Einzeller abläuft. (↑S. 44)
- Erklären Sie, warum die Ausscheidung von Harnsäure für

Tiere in Trockengebieten von Vorteil ist. Geben Sie zwei Beispiele für Wirbeltiergruppen, die Harnsäure ausscheiden. (↑S. 45)

Anforderungsbereich III

- Das Enzym Polyphenoloxidase ist dafür verantwortlich, dass ein angeschnittener Apfel sich nach kurzer Zeit braun färbt. Es wird in den durch den Anschnitt verletzten Zellen freigesetzt und katalysiert die Oxidation ebenfalls freigesetzter Phenole zu braunen Farbstoffen. Träufelt man auf die Schnittstellen Zitronensaft, kommt es zu keiner Verfärbung. Erörtern Sie, welche Ursache dies haben könnte und überlegen Sie sich Versuchsansätze, durch die Ihre Vermutungen überprüft werden könnten. (↑S. 23f.)
- Je die gleiche Menge Hefe wird einer Glucoselösung derselben Konzentration zugesetzt. Der eine Ansatz wird belüftet, der andere Ansatz bei sonst gleichen Bedingungen unter Sauerstoffabschluss aufbewahrt. Wie wird sich die Masse der Hefezellen in beiden Ansätzen verändern? Begründen Sie Ihre Annahme. (↑S. 28ff.)
- Das in manchen Prokaryoten enthaltene Enzym Nitrogenase ist für die Assimilation von Luftstickstoff verantwortlich. Da Nitrogenase auch mit Sauerstoff reagiert, hemmt O_2 die N_2-Assimilation. Erörtern Sie die Bedingungen, unter denen Anabaena azollae auch in aerober Umgebung N_2 assimilieren kann. (↑S. 32f.)
- „Vollwert-Ernährung ist eine überwiegend pflanzliche (lakto-vegetabile) Ernährungsweise, bei der gering verarbeitete Lebensmittel bevorzugt werden. Gesundheitlich wertvolle, frische Lebensmittel werden zu genussvollen und bekömmlichen Speisen zubereitet. Die hauptsächlich verwendeten Lebensmittel sind Gemüse und Obst, Vollkornprodukte, Kartoffeln, Hülsenfrüchte sowie Milch und Milchprodukte, daneben können auch geringe Mengen an Fleisch, Fisch und

Eiern enthalten sein. Etwa die Hälfte der Nahrung besteht aus unerhitzter Frischkost. [...] Zusätzlich zur Gesundheitsverträglichkeit der Ernährung werden im Sinne der Nachhaltigkeit auch die Umwelt-, Wirtschafts- und Sozialverträglichkeit des Ernährungssystems berücksichtigt. [...] Mit Vollwert-Ernährung sollen hohe Lebensqualität – besonders Gesundheit –, Schonung der Umwelt, faire Wirtschaftsbeziehungen und soziale Gerechtigkeit weltweit gefördert werden.“ (Definition nach von Koerber, 1994). Beurteilen Sie diese Definition aus naturwissenschaftlicher Sicht und achten Sie dabei auf die Unterscheidung von wissenschaftlichen, weltanschaulichen und politischen Aussagen.

- Stechmückenlarven, wegen ihre Färbung auch „schwarze Mückenlarven“ genannt, leben an der Wasseroberfläche; Büschelmückenlarven, auch „Glasstäbchen“ genannt, leben im freien Wasser; die roten Larven der Zuckmücken leben im Bodenschlamm der Gewässer. Erklären Sie das Zustandekommen der unterschiedlichen Farben und begründen Sie die Unterschiede mit den Anforderungen der unterschiedlichen Lebensräume. (↑S. 40f.)
- Begründen Sie, warum sich Diabetes (Zuckerkrankheit) auf die Nierenexkretion auswirkt. (↑S. 45)
- Begründen Sie, wie es durch inadäquate Ausschüttung von antidiuretischem Hormon (ADH) zu einer Hyponatriämie (zu niedriger Natriumspiegel im Blut) kommen kann. (↑S. 45)

3.3 Prüfungsaufgaben zu Steuerung, Regelung und Informationsverarbeitung

Anforderungsbereich I

- Beschreiben Sie den Begriff Membranpotenzial und erklären Sie, wie es grundsätzlich zustande kommen kann. (↑S. 46)

- Beschreiben Sie den Aufbau einer Nervenzelle (eines Neurons). (↑S. 49)
- Nennen Sie drei verschiedene Neurotransmitter. (↑S. 51)
- Beschreiben Sie Bau und Funktion von primären und sekundären Sinneszellen. (↑S. 53)
- Nennen Sie Beispiele für Sinnesorgane für vier verschiedene Reizarten. (↑S. 54)
- Stellen Sie dar, wie Schallwellen im menschlichen Ohr zu Nervenerregungen führen. (↑S. 56)
- Beschreiben Sie den Vorgang der Bildentstehung auf der Netzhaut. (↑S. 58)
- Beschreiben Sie den Aufbau des vegetativen Nervensystems. (↑S. 62)
- Nennen Sie die fünf Gehirnabschnitte der Wirbeltiere. (↑S. 63)
- Nennen Sie vier verschiedene Funktionen von Hormonen. (↑S. 68)

Anforderungsbereich II

- Erklären Sie, warum für die Ausbildung eines Membranpotenzials ein elektrischer und ein chemischer Gradient verantwortlich sind. (↑S. 46 ff.)
- Definieren Sie die Begriffe „Erregung“ und „Erregungsleitung“. (↑S. 46)
- Fertigen Sie ein Zeit-Spannungs-Diagramm eines Aktionspotenzials an und erklären Sie die Darstellung. (↑S. 48)
- Erläutern Sie die „Alles-oder-Nichts-Regel“ der Nerven- und Muskelerregung und erklären Sie, wie es im postsynaptischen Neuron trotzdem zu einer Reizsummation kommen kann. (↑S. 48 f.)
- Vergleichen Sie kontinuierliche und saltatorische Erregungsleitung in einem Axon. (↑S. 49 f.)
- Skizzieren Sie den Aufbau einer cholinergen Synapse und schildern Sie die Erregungsübertragung. (↑S. 52)

- Erklären Sie, wie eine hemmende Synapse funktioniert. (↑S. 52)
- Erklären Sie, warum und wie man beim Tauchen Druckausgleich machen muss, um zu verhindern, dass das Trommelfell platzt. (↑S. 56)
- Erklären Sie, wie eine Querschnittslähmung zustande kommen kann und welche Folgen sie hat. (↑S. 63)
- Geben Sie eine Erklärung dafür, dass bei Muskelbewegungen fast immer zwei Muskeln zusammenwirken müssen. (↑S. 66 f.)
- Wenn man eine Fliegenmade, die kurz vor der Verpuppung steht, mit einem Gummiring einschnürt, verpuppt sich nur der vordere Teil („Kopfpuppe"). Geben Sie dafür eine Erklärung. (↑S. 69)
- Stellen Sie den Unterschied von lipophilen und hydrophilen Hormonen dar und erläutern Sie die unterschiedliche Wirkungsweise in der Zelle. (↑S. 70)
- Erläutern Sie die Rolle von Hypothalamus und Hypophyse bei der Steuerung des endokrinen Systems. (↑S. 70 f.)
- Grüne Tomaten kann man zum Reifen bringen, wenn man sie mit reifen Äpfeln zusammen in eine Schachtel legt. Geben Sie eine Erklärung. (↑S. 73)

Anforderungsbereich III

- „Curare" ist eine Sammelbezeichnung für verschiedene Synapsengifte aus der Gruppe der Alkaloide, die von den Indios Südamerikas als Pfeilgift genutzt werden. Die Gifte wirken als sog. „kompetitive Blocker" an cholinergen Synapsen. Erklären Sie die Wirkungsweise und erläutern Sie, über welchen Wirkmechanismus Curarevergiftungen sehr schnell zum Tod führen können. Machen Sie Vorschläge, wie man eine akute Vergiftung therapieren könnte. (↑S. 51 f.)
- Geben Sie eine Begründung dafür, dass es nach dem Eintritt des Todes zur Totenstarre kommt. (↑S. 66 f.)

- Tetanus, auch Wundstarrkrampf genannt, ist eine häufig tödlich verlaufende Infektionskrankheit, die sich auf die muskelsteuernden Nervenzellen auswirkt und durch das Bakterium „Clostridium tetani" ausgelöst wird. Das von den Clostridien gebildete Toxin Tetanospasmin hemmt präsynaptisch die inhibitorischen Synapsen an den spinalen Motoneuronen sowie die Freisetzung der inhibitorischen Neurotransmitter Glycin und GABA. Geben Sie eine Darstellung des möglichen Krankheitsbildes und begründen Sie diese. (↑S. 66 f.)
- Wenn man eine Hecke schneidet, führt dies zu einer sehr starken Verzweigung. Begründen Sie dies mit der Bildung und Wirkung des Pflanzenhormons Auxin. Geben Sie eine Begründung dafür, dass man beim Baumschneiden Zweige immer knapp oberhalb einer Knospe abschneiden sollte. (↑S. 73)

3.4 Prüfungsaufgaben zu Fortpflanzung und Entwicklung

Anforderungsbereich I

- Geben Sie einige Beispiele für geschlechtliche und ungeschlechtliche Fortpflanzung. (↑S. 74)
- Beschreiben Sie den Aufbau einer männlichen und einer weiblichen Keimzelle von Säugetieren (einschließlich des Menschen). (↑S. 79 f.)
- Geben Sie an, was man unter primärer, sekundärer und tertiärer Eihülle versteht. (↑S. 79 f.)
- Beschriften Sie die Abbildung eines Amphibienkeimes vor der Neurulation. Wo befinden sich Ektoderm, Mesoderm, Entoderm, Urdarm und Neuralplatte? (↑S. 84)
- Definieren Sie, was man unter „Embryonalentwicklung" versteht.

- Beschreiben Sie die Vorgehensweise bei einer In-vitro-Fertilisation. (↑S. 86f.)

Anforderungsbereich II

- Erklären Sie folgende Begriffe: Spore, Gamet, Mitospore, Meiospore, Isogamie, Anisogamie, Oogamie. (↑S. 74f.)
- Transformation, Transduktion und Konjugation ermöglichen genetische Rekombination bei Prokaryoten. Stellen Sie die wesentlichen Merkmale dieser Rekombinationsvorgänge in Skizzen dar. (↑S. 75f.)
- Beschreiben Sie den Lebenszyklus eines Ständerpilzes und erläutern Sie die Angepasstheit an das Landleben. (↑S. 77)
- Erklären Sie am Beispiel einer Farnpflanze, was man unter „Generationswechsel mit Kernphasenwechsel“ versteht. (↑S. 78)
- Erklären Sie, warum Pflanzen nie „ausgewachsen“ sind. (↑S. 81f.)
- Vergleichen Sie Furchungstypen isolecithaler und mehr oder weniger stark telolecithaler Eier. (↑S. 83)
- Schildern Sie die Herausbildung der drei Keimblätter bei einem Amphibienkeim. (↑S. 83f.)
- Erläutern Sie, was man unter Homöoboxgenen und Transkriptionsfaktoren versteht. (↑S. 85)
- Vergleichen Sie künstliche Besamung (Insemination) und In-vitro-Fertilisation. (↑S. 86f.)

Anforderungsbereich III

- Beurteilen Sie folgende Meldung in einem Wissenschaftsjournal: „Im Jahr 2000 wurde aufgrund eines rätselhaften Waldsterbens das riesige Mycel einer Hallimaschart (A. ostoyae) im Malheur National Forest (Oregon, USA) entdeckt. Durch genetisches Fingerprinting wurde nachgewiesen, dass es sich um ein Individuum handelt. Wegen seiner Ausdehnung von über 880 Hektar und seiner Masse von ca. 600 Tonnen kann man den Pilz als das größte bekannte Lebewesen der Erde bezeichnen.“ (↑S. 77)

- Nehmen Sie Stellung zu der Aussage: „Die Keimbahn ist unsterblich.“ (↑S. 79f.)
- Diskutieren und bewerten Sie die Bestimmungen von § 1 des Embryonenschutzgesetzes der Bundesrepublik Deutschland (missbräuchliche Anwendung von Fortpflanzungstechniken, im Internet einsehbar unter http://www.gesetze-im-internet.de/eschg/1.html). (↑S. 86f.)
- Begründen Sie mithilfe der Keimesentwicklung, warum Wirbeltiere inverse Augen haben, bei denen die Lichtsinneszellen in der Retina also nach innen orientiert sind. (↑S. 58f., 84)
- In Großbritannien entschied sich das Parlament 2008 für die Zulassung der Forschung mit Hybridembryonen aus tierischer Eizelle und menschlichem Kern. Diskutieren Sie mögliche medizinische Bedeutung und ethische Bedenken.

3.5 Prüfungsaufgaben zu Genetik und Immunbiologie

Anforderungsbereich I

- Beschreiben Sie den Aufbau der DNA. (↑S. 88)
- Zählen Sie auf, welche Ursachen Mutationen zugrunde liegen können. (↑S. 95)
- Beschreiben Sie einen monohybriden, dominant-rezessiven Erbgang bis zur F_2-Generation und geben Sie eine schematische Darstellung. (↑S. 98f., 102)
- Nennen Sie die möglichen menschlichen Blutgruppen des AB0-Systems und ordnen Sie ihnen bestimmte Genotypen zu. (↑S. 101)
- Nennen Sie je ein Beispiel für eine autosomal-rezessive, eine

autosomal-dominante und eine gonosomal-rezessive Erbkrankheit. (↑S. 102)

- Beschreiben Sie die Funktion von Restriktionsendonucleasen und nennen Sie ihre Bedeutung für die Gentechnik. (↑S. 103)
- Beschreiben Sie humorale und zelluläre Immunantwort. (↑S. 108)
- Nennen Sie drei Beispiele für Autoimmunerkrankungen. (↑S. 113)

Anforderungsbereich II

- Skizzieren Sie eine Replikationsgabel und erläutern Sie daran den Ablauf der DNA-Replikation. (↑S. 90)
- Doppelhelices mit hohem G/C-Anteil lassen sich schwerer auftrennen als solche mit einem hohen A/T-Anteil. Geben Sie eine Erklärung.
- Erklären Sie den Vorgang des Processings. Was versteht man unter „alternativem Spleißen"? (↑S. 91 f.)
- Fassen Sie zusammen, welche Möglichkeiten der Genregulation man unterscheiden kann. (↑S. 92 f.)
- Erläutern Sie das Operonmodell der Genregulation bei Prokaryoten am Beispiel des Lactoseabbaus durch Milchsäurebakterien und erklären Sie, welche Vorteile diese Genregulation für die Milchsäurebakterien bringt. (↑S. 93 f.)
- Erklären Sie, was man unter einer „Leseraster-Mutation" versteht. (↑S. 96)
- Erklären Sie an einem Beispiel, wie durch Kreuzung reinerbige Organismen mit neuen Merkmalskombinationen entstehen können. (↑S. 99 f.)
- Vergleichen Sie modifikatorische und genotypische Geschlechtsbestimmung. (↑S. 97, 100 f.)
- Gegeben ist ein Familienstammbaum, in dem die Träger eines bestimmten Merkmals, das von einem Gen abhängt, markiert sind. Ordnen Sie der Vererbung des Merkmals einen bestimmten Erbgang zu und erschließen Sie – soweit

möglich – die jedem Individuum zuordenbaren Genotypen. (↑S. 98 f., 102)

- Erklären Sie, wie eine Gelelektrophorese zur Trennung von DNA-Molekülen funktioniert. (↑S. 103)
- Erklären Sie, wie man sehr kleine DNA-Mengen mithilfe der Polymerase-Kettenreaktion stark vermehren kann. (↑S. 105)
- Erläutern Sie das Prinzip der Genübertragung am Beispiel transgener Pflanzen. (↑S. 106)
- Vergleichen Sie aktive und passive Immunisierung am Beispiel der Tetanusimpfung. (↑S. 106)
- Erklären Sie das Zustandekommen einer allergischen Reaktion. (↑S. 109)
- Erläutern Sie, wie es durch eine allergische Reaktion zu einem anaphylaktischen Schock kommen kann. (↑S. 110)

Anforderungsbereich III

- Nitritsalze sind Bestandteile des Pökelsalzes, das zur Verarbeitung von Fleisch- und Wurstwaren verwendet wird. Von Ernährungsberatern wird dies zum Teil kritisch gesehen. Nehmen Sie Stellung zu dem Problem und nutzen Sie dazu weitere Informationsquellen, z. B. das Internet. (↑S. 79 f.)
- Das Gen für autosomal-rezessiv vererbte Krankheit kommt in einer Bevölkerung mit einer Häufigkeit von 1‰ vor. Leiten Sie daraus ab, wie hoch das Risiko ist, dass ein Kind erkrankt.
- Begründen Sie die Wahrscheinlichkeit für die Erkrankung eines Kindes aus einer Cousinenehe (↑S. 97–99); Cousins haben über ihre Großeltern ¼ gemeinsame Gene.
- Es gibt viele Millionen verschiedener Antikörper im Organismus, die jeweils aus vier Polypeptidketten aufgebaut und z. T. auch noch zu Di- oder Pentameren zusammengesetzt sind. Im Genom der B- und T-Lymphocyten sind die Baupläne für diese Antikörper gespeichert. Diskutieren Sie, wie es zu dieser Vielfalt kommen könnte. Begründen Sie, warum

die genetische Rekombination bei der Differenzierung der B- und T-Zellen diese Vielfalt gut erklären kann. Nutzen Sie zur Beantwortung auch ein Biologielehrbuch und das Internet. (↑S. 106 ff.)

3.6 Prüfungsaufgaben zur Evolution und biologischen Vielfalt

Anforderungsbereich I

- Nennen Sie drei Hauptfragestellungen zur Evolution der Organismen. (↑S. 114)
- Nennen Sie vier Beispiele für die Art und Weise, auf die sich Fossilien bilden können. (↑S. 115)
- Nennen Sie vier Indizien, die für die Evolution der Organismen sprechen. (↑S. 115 f.)
- Geben Sie einige Beispiele für rudimentäre Organe. (↑S. 116)
- Nennen und beschreiben Sie die fünf Faktoren, die nach der synthetischen Theorie für die Evolution der Organismen verantwortlich sind. (↑S. 117)
- Geben Sie zwei Beispiele für Symbiosen von Pflanzen mit Luftstickstoff fixierenden Bakterien. (↑S. 32, 120 f.)
- Geben Sie zwei Beispiele für Symbiosen mit einzelligen Algen. (↑S. 121)
- Beschreiben Sie den Aufbau einer Krustenflechte. (↑S. 121)
- Formulieren Sie die biologische Artdefinition. (↑S. 122)
- Geben Sie zwei Beispiele für „lebende Fossilien". (↑S. 124)
- Geben Sie an, was man unter apomorphem und plesiomorphem Merkmal versteht. (↑S. 125)
- Nennen Sie die acht Hauptkategorien der Taxonomie der Lebewesen. (↑S. 128)
- Charakterisieren Sie die Säugetierordnung der Primaten. (↑S. 131)

- Nennen Sie vier Voraussetzungen für die kulturelle Evolution des Menschen. (↑S. 135)

Anforderungsbereich II

- Erläutern Sie die Kernaussagen von Lamarckismus und Darwinismus an einem konkreten Beispiel. (↑S. 13, 114)
- Erklären Sie, was man unter allopatrischer und sympatrischer Artbildung versteht. (↑S. 117 f.)
- Erklären Sie, was man unter „horizontalem Gentransfer" versteht. (↑S. 118)
- Erklären Sie die Endosymbiontentheorie zur Entstehung der Eukaryoten aus Prokaryoten mithilfe einer Skizze. (↑S. 119)
- Definieren Sie die Begriffe Konkurrenz, Symbiose, Karpose (= Probiose) und Antibiose und erläutern Sie dies jeweils mit einem Beispiel. (↑S. 120)
- Skizzieren und beschriften Sie den Aufbau einer Krustenflechte und erklären Sie die Funktion der verschiedenen Schichten. (↑S. 121)
- Erläutern Sie, warum man die Entwicklung von Blüten der Bedecktsamer und den diese Blüten bestäubenden Insekten als Koevolution bezeichnet. (↑S. 122)
- Geben Sie Beispiele für Organismengruppen, für die die biologische Artdefinition nicht ohne Weiteres anwendbar ist. (↑S. 122, 78 ff.)
- Erklären Sie die Unterschiede zwischen Mikro- und Makroevolution mithilfe einer Skizze. (↑S. 122 f.)
- Erläutern Sie die drei Homologiekriterien an jeweils einem Beispiel. (↑S. 127)
- Vergleichen Sie das Reich Protista mit den drei anderen Reichen der Eukarya. (↑S. 130)

Anforderungsbereich III

- Leiten Sie die fünf Evolutionsfaktoren der synthetischen Theorie der Evolution von der „idealen Population" ab, für die es nach dem Hardy-Weinberg-Gesetz keine Veränderung der Genhäufigkeiten im Genpool der Generationenfolge gibt. (↑S. 116f. und Internet)

- In den Alpen kommen zwei nahe verwandte Rhododendronarten, die Behaarte Alpenrose (Rh. hirsutum) und die Rostblättrige Alpenrose (Rh. ferrugineum), vor. Man findet sie jedoch fast nie zusammen. Die Rostrote Alpenrose ist charakteristisch für die Urgesteinsalpen, die Behaarte Alpenrose für die Kalkalpen. Entwickeln Sie eine Theorie zur Evolution der beiden Arten aus einer Ursprungsart. (↑S. 117f., 122ff., 161)
- Geben Sie eine Definition des Begriffes „Lebende Fossilien" und erörtern Sie, wie es zur Entstehung solcher Arten kommen konnte. (↑S. 123f.)
- Den Stamm der Wirbeltiere unterteilt man üblicherweise in die Klassen Fische, Amphibien, Reptilien, Vögel und Säuger. Beurteilen Sie, ob diese Klassen mono-, para- oder polyphyletisch sind. Erläutern Sie dies mithilfe eines Kladogramms. (↑S. 125f.)
- Als Vorfahr des „Homo sapiens" gilt der „Homo erectus". Für die Art und Weise der Entstehung des „Homo sapiens" gibt es zwei konkurrierende Hypothesen. Diskutieren Sie die beiden Hypothesen und erörtern Sie, welche Beweise man für eine Entscheidung zwischen den beiden Hypothesen heranziehen könnte. (↑S. 133f.)

3.7 Prüfungsaufgaben zur Verhaltensbiologie

Anforderungsbereich I

- Formulieren Sie vier grundlegende Fragen der Verhaltensforschung. (↑S. 139)
- Beschreiben Sie den Vorgang des Lernens durch operante Konditionierung. (↑S. 146)

- Beschreiben Sie den Ablauf eines monosynaptischen Reflexes. (↑S. 143)
- Geben Sie zwei Beispiele für Schutzreflexe beim Menschen. (↑S. 143)
- Nennen Sie ein Beispiel für einen angeborenen Auslösemechanismus beim Menschen. (↑S. 144)
- Nennen Sie vier Beispiele für agonistische Verhaltensweisen. (↑S. 150)
- Geben Sie ein Beispiel für Traditionsbildung bei Tieren. (↑S. 153)

Anforderungsbereich II

- Erklären Sie den Unterschied zwischen proximaten und ultimaten Ursachen einer Verhaltensweise. (↑S. 138–140)
- Zebrafinken, die von Eltern einer verwandten Finkenart („Mövchen“) aufgezogen wurden, balzen später nur Mövchenweibchen an, auch wenn gleichzeitig Zebrafinkenweibchen in der Voliere sind. Erklären Sie dieses Verhalten. (↑S. 142)
- Erklären Sie an einem Beispiel, was man unter einem bedingten Reflex versteht. (↑S. 143)
- Geben Sie eine ethologische Deutung des Sprichwortes „Hunger ist der beste Koch“. (↑S. 144)
- Erklären Sie an einem Beispiel die Begriffe „Schlüsselreiz“ und „Attrappe“. (↑S. 141, 144 f.)
- Erklären Sie die Unterschiede zwischen angeborenem Auslösemechanismus, erworbenem Auslösemechanismus und durch Erfahrung ergänztem Auslösemechanismus. (↑S. 144)
- Ein Mäusebussard kreist über einer Wiese, ein Huhn scharrt in der Laubstreu, ein Chamäleon verharrt unbeweglich auf einem Zweig. Welche Gemeinsamkeit haben diese Verhaltensweisen und wie lautet der ethologische Fachbegriff? (↑S. 145)

- Erläutern Sie an Beispielen den Unterschied zwischen klassischer Konditionierung und operanter Konditionierung. (↑S. 146)
- Erklären Sie an einem Beispiel, was man unter „Lernen durch Einsicht“ versteht. (↑S. 147)
- Manche Schwebfliegen sehen aus wie Wespen. Geben Sie eine soziobiologische Erklärung. (↑S. 148)
- Geben Sie eine soziobiologische Erklärung dafür, dass sich bei einigen Tierarten bestimmte Individuen zugunsten anderer Gruppenmitglieder nicht fortpflanzen und geben Sie einige Beispiele für diese Verhaltensweise. (↑S. 151)
- Wenn man einen Verhaltensablauf erzählt bekommt, ist es meist schwerer, ihn richtig auszuführen, als wenn man ihn vorgeführt bekommt. Geben Sie eine Erklärung. (↑S. 154 f.)

Anforderungsbereich III

- Kuckucke legen ihre Eier in Nester anderer, meist viel kleinerer Vogelarten. Trotzdem behandeln die „falschen Eltern“ das Kuckucksküken wie ein eigenes Küken. Normalerweise erhält es sogar mehr Futter als die eigenen Jungen, was meist dazu führt, dass nur der Kuckuck überlebt. Erklären Sie, welche Verhaltensweisen diesen „Brutparasitismus“ möglich machen. (↑S. 144 f.)
- Diskutieren Sie, inwieweit Revierbildung zur Stabilisierung von Populationen beitragen kann. (↑S. 150)
- Die langen Schwanzfedern eines männlichen Pfaus und das große Geweih eines männlichen Rothirschs haben für ihre Träger viele Nachteile. Geben Sie eine evolutionsbiologische Deutung auf der Grundlage von Verhaltensweisen dieser Tierarten. (↑S. 152)
- Spiegelneurone werden auch als „Eintrittskarte des Kindes in die Welt“ bezeichnet. Diskutieren Sie diese Aussage, mit der die Wirkung von Spiegelneuronen gekennzeichnet werden soll. (↑S. 154 f.)

- Häufig haben Familien mit hohem Einkommen in unserer Gesellschaft nur wenige Kinder. Diskutieren Sie diesen Sachverhalt unter kritischer Berücksichtigung soziobiologischer Vorstellungen. (↑S. 152 f.)

3.8 Prüfungsaufgaben zur Ökologie

Anforderungsbereich I

- Nennen Sie vier Teilgebiete der Ökologie. (↑S. 156)
- Beschreiben Sie, was man unter Autökologie, Populationsökologie und Synökologie versteht. (↑S. 156)
- Geben Sie ein Beispiel für eine marine Nahrungskette.
- Nennen Sie je ein Beispiel für einen Primärkonsumenten, einen Sekundärkonsumenten und einen Tertiärkonsumenten. (↑S. 165)
- Nennen Sie ein Einteilungsschema für marine Biome. (↑S. 169)
- Beschreiben Sie den Prozess der Eutrophierung eines Sees. (↑S. 171)
- Nennen Sie die drei Lotka-Volterra-Regeln zur Populationsentwicklung von Beute- und Beutegreifer-Populationen. (↑S. 178 f.)
- Zählen Sie auf, durch welche menschlichen Aktivitäten die Atmosphäre belastet wird. (↑S. 181)
- Nennen Sie fünf Möglichkeiten zur Minderung des Abfallproblems. (↑S. 182 f.)
- Nennen Sie drei für den Klimawandel verantwortliche Treibhausgase. (↑S. 186 f.)

Anforderungsbereich II

- Wenn man an einem Seeufer den Erlenbestand fällt, wird der Schilfgürtel breiter. Erklären Sie dies mit der ökologischen Potenz. (↑S. 158 f.)

- Zeichnen Sie eine typische Toleranzkurve für die physiologische Potenz hinsichtlich eines Umweltfaktors und erklären Sie daran die Begriffe Optimum, Präferendum, Maximum und Minimum. (↑S. 158)
- Vergleichen Sie eine euryöke und eine stenöke Art an zwei konkreten Beispielen. (↑S. 159)
- Geben Sie einen Überblick über die Möglichkeiten, die Pflanzen entwickelt haben, um mit geringem Wasserangebot auszukommen. Nutzen Sie zur Beantwortung ein Lehrbuch bzw. das Internet.
- Der Flussbarsch kommt in vielen Seen, aber auch in der Ostsee vor Mecklenburg-Vorpommern vor. Demgegenüber ist die Karausche nur in reinem Süßwasser zu finden. Erklären Sie dies mit ökologischen Fachbegriffen. (↑S. 159)
- Erklären Sie den Begriff „Schlüsselart" an einem Beispiel. (↑S. 159)
- Erklären Sie das „Konkurrenzausschlussprinzip". (↑S. 161)
- Geierschildkröten liegen mit geöffnetem Rachen am schlammigen Bodengrund und bewegen die rötliche, schmale Zunge. Dadurch werden Fische angelockt, die versuchen, den vermeintlichen Wurm zu schnappen. Sobald nun ein Fisch das Maul der Schildkröte erreicht hat, schnappt diese nach ihm. Erklären Sie diese Taktik mit Fachbegriffen. (↑S. 162)
- Skizzieren Sie das Beziehungsgefüge eines Ökosystems und nutzen Sie die Skizze, um die prinzipiellen Unterschiede zwischen Urwald und Nutzwald (Forst) zu erklären. (↑S. 167 f.)
- Erläutern Sie, warum die zonale Gliederung der Biosphäre auf dem Land deutlicher ist als in den Meeren. (↑S. 168 f.)
- Vergleichen Sie das Sukzessionsmodell mit dem Mosaik-Zyklus-Modell zur Veränderung von Ökosystemen. (↑S. 169 f.)
- Erklären Sie den Vorgang der Faulschlammbildung in einem stehenden Gewässer und schlagen Sie Maßnahmen vor, mit

denen man die Faulschlammbildung verhindern oder sogar rückgängig machen kann. (↑S. 170f.)

- Erklären Sie anhand einer Skizze, wie es im Sommer in vielen mitteleuropäischen Seen zur Bildung einer „Sprungschicht" kommt und warum es sie im Winter nicht gibt. (↑S. 173)
- Informieren Sie sich über Aufbau und Funktion einer Pflanzenkläranlage. Erklären Sie, welcher Bereich eines natürlichen Gewässers als Modell für die Wirkungsweise einer solchen Anlage dienen könnte. (↑S. 170f., 174)
- Vergleichen Sie K- und r-Strategen und geben Sie jeweils einige Beispiele. (↑S. 176f.)
- Vergleichen Sie Nationalparks, Naturschutzgebiete, Naturparks und Landschaftsschutzgebiete im Hinblick auf ihren Schutzstatus nach deutschem Naturschutzrecht. (↑S. 184)
- Erläutern Sie den besonderen Wert von Saumbiotopen. (↑S. 184)

Anforderungsbereich III

- Ökologische Nischen werden z. T. mit „Planstellen" oder „Berufen" verglichen. Erörtern Sie, inwieweit dieser Vergleich den Sachverhalt trifft. (↑S. 161)
- Begründen Sie, warum Nahrungsketten in Wüstengebieten in der Regel kürzer sind als in Regenwäldern. (↑S. 165)
- Gartenabfälle kann man im eigenen Garten oder in einer Kompostanlage der Gemeinde kompostieren. Man kann die Abfälle auch in einem nahe gelegenen Wald deponieren. Bewerten Sie diese verschiedenen Möglichkeiten des „Recyclings" aus ökologischer Sicht. (↑S. 162ff.)
- Die Wälder bewohnende Wildkatze (Felis sylvestris) ist in Mitteleuropa vom Aussterben bedroht. Der BUND will mithilfe von Durchlässen an Straßen, Gehölzstreifen entlang von Feldrändern und neuen Waldinseln in landwirtschaftlich genutzten Flächen das Aussterben verhindern. Beurteilen Sie die Erfolgsaussichten dieser Maßnahmen. (↑S. 183ff.)

- Die Veränderung und Vernichtung von Böden wird als großes Umweltrisiko angesehen. Erläutern Sie verschiedene menschliche Aktivitäten, die zur Schädigung oder Vernichtung von Böden führen können und diskutieren Sie die Folgen. (↑S. 181)
- Gehen Sie besonders auf die Zusammenhänge von Bodenschädigung und Verlust tropischer Regenwälder ein. (↑S. 189)
- Nutzen Sie die Lotka-Volterra-Regeln zur Bewertung von folgenden Pflanzenschutzmaßnahmen zur Bekämpfung eines Raupenbefalls:
  1) mit Breitbandinsektizid,
  2) mit selektivem Insektizid,
  3) durch Ausbringen von raupenspezifischen Schlupfwespen,
  4) durch vorbeugende Bekämpfung durch Ausbringen von Pheromonfallen für die zugehörigen Schmetterlinge. (↑S. 178 f.)
- Diskutieren Sie die Verwendung von Biokraftstoffen als Klimaschutzmaßnahme. Nutzen Sie zur Beantwortung auch das Internet. (↑S. 188)
- Um den Ausstoß von Treibhausgasen zu verringern, werden z. B. folgende Möglichkeiten diskutiert:
  - Einsparungen beim Energieumsatz
  - Fotovoltaikanlagen zur Stromerzeugung
  - Hydroelektrische Stromerzeugung
  - Solarthermie zur Warmwasserbereitung und Heizung
  - Einsatz von Holzpellets als Heizmaterial
  - Biogasanlagen
  - Kernkraftwerke

  Diskutieren Sie Vor- und Nachteile dieser Möglichkeiten der Energiebereitstellung. Nutzen Sie zur Beantwortung auch das Internet und Nachschlagewerke. (↑S. 186 ff.)

Bildquellen (Abbildungen Umschlag innen)
Bibliographisches Institut, Berlin (Homo habilis, da Vinci, Harvey); Bildarchiv Paturi (Uratmosphäre); Deutsches Krebsforschungszentrum, Heidelberg / C. Kuhn (Genom); Floramedia (Eukaryoten); Dr. R. König, Preetz (Darwin); picture-alliance/akg-images (H. von Bingen, Linné); picture-alliance/dpa (Dolly); picture-alliance/Bildarchiv Okapia (Kambrium, Retroviren); picture-alliance/Picture Press/NASA/VRS (Erde); M. Schneiderová, Brno (Vererbung); Carl Zeiss, Oberkochen (Mikroskopie)

Bibliografische Information der Deutschen Nationalbibliothek
Die Deutsche Nationalbibliothek verzeichnet diese Publikation in der Deutschen Nationalbibliografie; detaillierte bibliografische Daten sind im Internet über http://dnb.dnb.de abrufbar.

4., aktualisierte Auflage
© Duden 2016 D C B A
Bibliographisches Institut GmbH, Mecklenburgische Straße 53, 14197 Berlin

Redaktionelle Leitung David Harvie
Redaktion Dr. Ulrich Kilian (redaktionsbüro science & more)
Autoren Prof. Dr. Wilfried Probst, Dr. Sabine Klonk

Herstellung Uwe Pahnke
Typografisches Konzept Horst Bachmann
Umschlaggestaltung Büroecco, Augsburg
Satz Dr. Ulrich Kilian (redaktionsbüro science & more)
Druck und Bindung Heenemann GmbH & Co. KG,
Bessemerstraße 83–91, 12103 Berlin
Printed in Germany

ISBN 978-3-411-70734-8
Auch als E-Book erhältlich unter: ISBN 978-3-411-91210-0

www.lernhelfer.de